国家新闻出版改革发展项目库入库项目

高等院校计算机类规划教材

全国高等院校计算机基础教育研究会重点立项项目

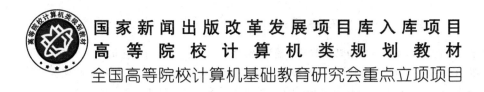

微机原理与接口技术
辅导与实验

秦金磊　　王桂兰　　朱有产　编著

U0282543

北京邮电大学出版社
www.buptpress.com

内容简介

本书作为一本辅导与实验教材,主要内容包括章节学习辅导、实验工具、精选案例与实验指导。章节学习辅导部分包括知识点梳理、重点难点剖析、例题精讲、习题解答、拓展学习等。实验工具部分包括汇编实验环境MASM与仿真实验工具Proteus的安装、使用与调试,典型例题精讲及视频学习。精选案例与实验指导部分包括汇编程序设计,存储器及其扩展,输入/输出技术,可编程控制芯片8255A、8253A、8259A等相关的重点案例及综合设计实验等。本书内容全面、实用性强,重要原理、技术与应用讲述清晰,通过视频提供详细内容,讲述有特点和新意,使读者能够快速理解和掌握微机与接口技术的重要原理和方法。本书中提供的案例全部通过实验环境调试。

本书可作为高等院校理工科自动化、电气与电子类等相关专业的本科、成人高等教育或大专层次的配套实验教材,对研究生和从事微机测控及接口技术应用的工程技术人员具有很好的参考价值。

图书在版编目(CIP)数据

微机原理与接口技术辅导与实验 / 秦金磊,王桂兰,朱有产编著. -- 北京:北京邮电大学出版社,2021.3
ISBN 978-7-5635-6346-3

Ⅰ.①微… Ⅱ.①秦…②王…③朱… Ⅲ.①微型计算机—理论—高等学校—教学参考资料②微型计算机—接口技术—高等学校—教学参考资料 Ⅳ.①TP36

中国版本图书馆 CIP 数据核字(2021)第 052901 号

策划编辑:马晓仟   责任编辑:王晓丹 米文秋   封面设计:七星博纳

出版发行:北京邮电大学出版社
社   址:北京市海淀区西土城路 10 号
邮政编码:100876
发 行 部:电话:010-62282185   传真:010-62283578
E-mail:publish@bupt.edu.cn
经   销:各地新华书店
印   刷:北京玺诚印务有限公司
开   本:787 mm×1 092 mm   1/16
印   张:15
字   数:402 千字
版   次:2021 年 3 月第 1 版
印   次:2021 年 3 月第 1 次印刷

ISBN 978-7-5635-6346-3   定价:39.00 元

前　言

本书是高等院校理工科相关专业基础核心课程"微机原理与接口技术"的配套教材,其目标是使学生从实践的角度出发,掌握微机系统的基本组成、工作原理、接口技术及应用方法,具备微机系统的初步开发能力。作者在总结多年教学科研及实践经验的基础上,结合计算机仿真技术的发展对课程相关资料进行综合分析提炼,编写了本书。

本书内容在选取与组织方面有所突破,以 8086/8088 微处理器和 IBM PC 系列微机为对象,从微机系统应用实践出发,精选案例设计,利用图文与视频同步的形式对重点、难点进行讲解,辅导学生快速掌握微机系统的基本组成、工作原理、接口技术及应用。全书紧扣教材《微机原理与接口技术——基于 Proteus 仿真》,共分 3 章,包括:章节学习辅导、实验工具、精选案例与实验指导。本书以解决学生在实践环节遇到的重点、难点为主线,从知识点梳理、习题解答、拓展学习、案例精讲、实践入门与提高等方面进行学习辅导。本书内容全面、实用性强,重要原理、技术与应用讲述清晰,图文并茂,网络视频同步更新,讲述有特点和新意。书中提供的案例全部调试通过。

本书具有如下特色:

① 紧扣重点难点。以应用实践过程中的重点、难点为出发点,通过知识点梳理、习题解析、精选案例设计等手段,把重点讲透,把难点讲清。

② 视频同步更新。在进行图文说明的同时配备视频,以全方位展现系统设计过程,使学生更易掌握原理与方法。视频适时在线更新,学生可随时获取最新资料。

③ 任务与兴趣并重。在完成精选案例的同时,在拓展学习环节增加相关知识,以引发学生更大的兴趣,进一步促进学生对相关原理与方法的掌握。

本书的第 1 章由秦金磊、王桂兰、朱有产共同编写;第 2、3 章由秦金磊编写;视频录制及附录由秦金磊完成。全书由秦金磊统稿并最后定稿。

本书的编写得到了华北电力大学专业建设平台领导的大力支持;得到了华北电力大学

微机原理教学团队全体教师的大力支持;得到了广州风标电子技术公司的大力支持,该公司技术人员指导了部分 Proteus 仿真实例的设计;得到了全国高等院校计算机基础教育研究会和北京邮电大学出版社的大力支持。在此,作者向所有对本书的编写、出版等工作给予大力支持的单位和领导表示真诚的感谢!

由于作者水平有限,书中难免有错漏之处,敬请广大读者提出宝贵意见。

作　者

2020 年 9 月于华北电力大学

目　　录

第1章 章节学习辅导

1.1 微型计算机基础知识概述(教材第 1 章)学习辅导

1.1.1 知识点梳理

微型计算机基础知识结构如图 1.1.1 所示。

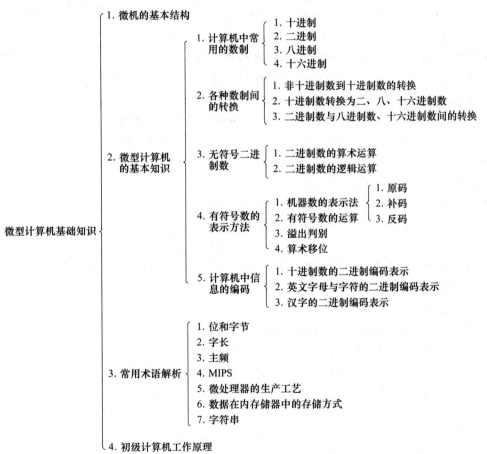

图 1.1.1 微型计算机基础知识结构

重点:补码的计算方法。

难点:溢出判断方法。

1.1.2 习题解答

1. 计算机中常用的计数制有哪些?

答:计算机中常用的计数制有二进制、八进制和十六进制。

2. 请简述机器数和真值的概念。

答:计算机只能识别由 0 和 1 组成的数或代码,有符号数的符号也只能用 0 和 1 来表示,一般用"0"表示正,用"1"表示负,这种将符号数码化,连同一个符号位在一起的一个数称为机器数。直接用"＋"号和"－"号来表示其正负的数为有符号数(该机器数)的真值。

3. 将下列十进制数分别转换为二进制数(保留 4 位小数)、八进制数、十六进制数和 BCD 数。

① 125.74　　　　② 513.85　　　　③ 742.24　　　　④ 69.357

答:① 125.74＝01111101.1011B＝175.54Q＝7D.BH。

压缩 BCD 数为 000100100101.01110100B(125.74H)。

② 513.85＝1000000001.1101B＝1001.64Q＝201.DH。

压缩 BCD 数为 010100010011.10000101B(513.85H)。

③ 742.24＝001011100110.0011B＝1346.14Q＝2E6.3H。

压缩 BCD 数为 011101000010.00100100B(742.24H)。

④ 69.357＝1000101.0101B＝105.24Q＝45.5H。

压缩 BCD 数为 01101001.001101010111B(69.357H)。

4. 将下列二进制数分别转换为十进制数、八进制数和十六进制数。

① 101011.101B　　　　　　　　② 110110.1101B

③ 1001.11001B　　　　　　　　④ 100111.0101B

答:① 101011.101B＝43.625D＝53.5Q＝2B.AH。

② 110110.1101B＝54.8125D＝66.64Q＝36.DH。

③ 1001.11001B＝9.78125D＝11.62Q＝9.C8H。

④ 100111.0101B＝39.3125D＝47.24Q＝27.5H。

5. 将下列十六进制数分别转换为二进制数、八进制数、十进制数和 BCD 数。

① 5A.26H　　　　　　　　② 143.B5H

③ 6CB.24H　　　　　　　　④ E2F3.2CH

答:① 5A.26H＝01011010.00100110B＝132.114Q＝90.148D。

压缩 BCD 数为 10010000.000101001000B(90.148H)。

② 143.B5H＝000101000011.10110101B＝503.552Q＝323.6875D。

压缩 BCD 数为 001100100011.0110100001110101B(323.6875H)。

③ 6CB.24H＝011011001011.00100100B＝3313.11Q＝1739.141D。

压缩 BCD 数为 0001011100111001.000101000001B(1739.141H)。

④ E2F3.2CH＝1110001011110011.00101100B＝161363.13Q＝58099.125D。

压缩 BCD 数为 01011000000010011001.000100100101B(58099.125H)。

6. 8 位和 16 位二进制数的原码、补码和反码可表示的数的范围分别是多少?

答:8 位二进制数的原码可表示的数的范围为 －127～＋127,反码可表示的数的范围为 －127～＋127,补码可表示的数的范围为 －128～＋127;16 位二进制数的原码可表示的数的范

围为 $-32767 \sim +32767$，反码可表示的数的范围为 $-32767 \sim +32767$，补码可表示的数的范围为 $-32768 \sim +32767$。

7. 写出下列十进制数的原码、反码、补码表示(采用 8 位二进制,最高位为符号位)。

① 120   ② 62   ③ -26 ④ -127

答：① $[X]_原 = 01111000B,[X]_反 = 01111000B,[X]_补 = 01111000B$。

② $[X]_原 = 00111110B,[X]_反 = 00111110B,[X]_补 = 00111110B$。

③ $[X]_原 = 10011010B,[X]_反 = 11100101B,[X]_补 = 11100110B$。

④ $[X]_原 = 11111111B,[X]_反 = 10000000B,[X]_补 = 10000001B$。

8. 已知补码表示的机器数,分别求出其真值。

① 46H   ② 9EH   ③ B6H   ④ 6C20H

答：① $[X]_补 = 46H$,真值:$+70$。

② $[X]_补 = 9EH$,真值:-98。

③ $[X]_补 = B6H$,真值:-74。

④ $[X]_补 = 6C20H$,真值:$+27680$。

9. 已知某个 8 位的机器数 65H,在其作为无符号数、补码带符号数、BCD 码以及 ASCII 码时分别表示什么真值和含义?

答：65H 作为无符号数,其真值为 $+101$;作为补码带符号数,其真值为 $+101$;作为 BCD 码,其真值为 65;作为 ASCII 码,代表字母 e。

10. 用现有的知识完成一个交通信号灯系统的初步设计(可以用框图、文字、流程图等方式来描述)。

答：交通信号灯系统的主要功能应包括:①正常通行时交通信号灯的状态;②有特殊情况发生时,交通信号灯的状态;③附加行人通道、左转弯、右转弯、声音示警、LED 显示屏等扩展功能。

1.1.3 拓展学习:初级计算机

1. 初级计算机的基本结构

(1)概述

初级计算机的简化结构如图 1.1.2 所示。图中虚线以上部分为运算器和控制器,构成计算机的中央处理单元(Central Processing Unit,CPU),虚线以下部分为 RAM 和 I/O 接口电路。RAM 的容量为 256×8,即 256 个存储单元,每个存储单元存 8 位二进制数。I/O 接口电路是输入设备键盘、输出设备显示器(CRT)与 CPU 之间的缓冲和连接部件,键盘用来输入原始操作数及解题程序,CRT 用来显示运算结果。

通常,在微型计算机中,CPU 被做成一个独立的芯片,称为微处理器或微处理机。存储器是位于 CPU 之外的另一种芯片,称为内存储器或主存储器,它是计算机的一个记忆装置,用来存放以二进制编码形式表示的程序、原始操作数、运算和处理的中间结果及最后结果,需要时可以把它们读出来。

一个存储器包含很多存储单元,被存储的二进制信息分别存放在这些存储单元中。每个存储单元都有自己的编号,这个编号叫作地址。计算机中存储单元的地址也采用二进制编码方式表示。例如,图 1.1.2 所示的模型机中存储器有 256 个存储单元,地址编号可以是 0～255。256 个存储单元若要用二进制编码表示地址号,需 8 位二进制数,即二进制和十六进制表示的地址编号分别为 00000000B ～ 11111111B 和 00H ～ FFH。显然,存储器的存储单元数越多,所需要的

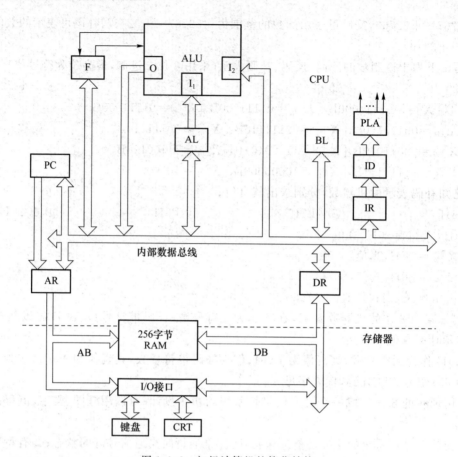

图 1.1.2　初级计算机的简化结构

地址信号位数就越多。例如,1024 个存储单元需要 10 位二进制的地址信号($2^{10} = 1024$),4096 个存储单元需要 12 位二进制的地址信号($2^{12} = 4096$)等。存储单元数是地址信号位数 N 的幂,即存储单元数$= 2^N$。在微型计算机中,存储器的每个存储单元一般存放一字节的二进制信息,一字节为 8 位二进制数。这里必须注意,存储单元的地址和存储单元的内容是两个截然不同的概念,不得混淆。存储器中所存二进制编码信息基本上分为两类,一类是程序中的指令码,一类是操作数,它们在外表上毫无区别,但程序设计人员必须十分清楚哪些地址编号的存储单元存放的是指令码,哪些地址编号的存储单元存放的是操作数。存储单元的地址编号也分为两类,即指令地址和操作数地址。在微型计算机执行程序时,存储单元的二进制地址信号,不论是指令地址还是操作数地址,均由 CPU 发出,以便选中某个存储单元,并对其进行存取操作。

　　在计算机技术中,从存储单元取一个数据时,该数据在内存中不消失,可以说是"取之不尽"。存储器的"取"和"存"有专门的术语,即"读"和"写"。只读存储器(ROM)是指计算机运行(执行程序)期间只能读出不能写入的存储器,而随机存取存储器(RAM)是指计算机运行期间既可读又可写的存储器。

　　CPU 内部各部件通过内部数据总线交换信息,该内部数据总线经具有三态控制功能的数据寄存器(Data Register,DR)驱动后与外部数据总线(Data Bus,DB)相连。CPU 之外的内存储器及 I/O 接口电路均通过外部数据总线与 CPU 相连。CPU 对存储单元进行操作时,所读/写的二进制编码信息(即存储单元内容)必须经外部数据总线传送。

（2）运算器的结构和功能

运算器主要包括算术逻辑部件（Arithmetic Logic Unit，ALU）、累加器（Accumulator，AL）、操作数暂存器（Operand Temporary Register，OTR）及标志寄存器（Flags）。它们均是 8 位的。ALU 一般是直接执行各种操作和运算的部件，它在控制器的控制下完成各种算术运算（加、减、乘、除等）、逻辑运算（与、或、非、异或等）以及其他操作（取数、送数、移位等）。在初级计算机中，假设 ALU 仅为一个 8 位全加器，则可以实现两个 8 位补码数的加、减运算。累加器用来存放两个操作数中的一个，如被加数或被减数，且存放运算结果。运算的最终结果通过 CRT 显示出来。操作数暂存器用来存放两个操作数中的另一个，如加数或减数。累加器和操作数暂存器都属于 CPU 内部的通用寄存器，用来存放操作数和运算的中间结果。微型计算机中有多个通用寄存器，组成一个通用寄存器组。而且，通用寄存器的数目越多，CPU 运行起来越方便，也越快。原始操作数通常通过键盘送入内存，CPU 执行程序时再从内存中取出。标志寄存器用来存放运算结果的标志信息。例如，运算结果的正负情况用符号标志（Sign Flag，SF）来表示。在不溢出的情况下，若运算结果最高位为 1，则 SF＝1，表明结果为负；否则 SF＝0，表明结果为正。又如，运算结果最高位的进位（对加法）或借位（对减法）情况用进位/借位标志（Cary Flag，CF）来表示。对于加法运算，若最高位有进位，则 CF＝1；否则 CF＝0。对于减法运算，若最高位有借位，则 CF＝1；否则 CF＝0。再如，运算结果的溢出情况可用溢出标志（Overflow Flag，OF）来表示。若运算结果有溢出，则 OF＝1；否则 OF＝0。

（3）控制器的结构和功能

1）控制器的结构

初级计算机中的控制器主要包括程序计数器（Program Counter，PC）或指令指针（Instruction Pointer，IP）、指令寄存器（Instruction Register，IR）、指令译码器（Instruction Decode，ID）、内存地址寄存器（Memory Address Register，MAR）及定时与控制部件（Timing and Control，TC）等。计算机的整个工作过程就是执行程序的过程。程序就是一系列按一定顺序排列的指令。控制器利用指令指挥计算机工作，用户则用指令表达自己的意图并交给控制器指挥机器执行。

2）控制器的功能

我们知道，为使计算机能自动执行一个解题程序，必须将程序中的指令按解题顺序预先存放在内存中。同时，计算机在执行程序时应能自动把这些指令按顺序逐条取出并执行，为此，要有一个追踪指令地址的 PC（或 IP）。程序开始执行时，由计算机的操作系统给 PC（或 IP）赋一个初值，这个初值就是内存中要执行的解题程序的起始地址。然后，每取出一个指令字节，PC（或 IP）的内容便自动加 1，指向下一个指令字节地址，从而保证指令的顺序执行。只有当程序需要转移时，PC 才置入转移到所需要的指令处的新值。

为了完成一条指令所规定的操作，计算机的运算器、内存储器等部件必须在控制器的控制下，相应地完成一系列基本动作，而这些基本动作又必须按时间先后次序、互相配合。为此，首先必须由 IR 根据 PC 所指指令地址接收要被执行的指令操作码，直接送 ID 进行译码。然后，该操作码译码信号便作为一条指令的特征信号送 TC，变成一系列按时间顺序排列的控制信号，发向运算器、控制器、存储器及 I/O 接口电路等，从而控制它们完成该指令所规定的操作。存储器和 I/O 接口电路由于位于 CPU 之外，因此 TC 向它们发送的控制信号需经外部控制总线（Control Bus，CB）传送。

如果指令执行中需要从内存或 I/O 接口中取操作数，该操作数的地址由指令的操作数地址部分给出。MAR 具有三态控制功能,它接收 PC 发来的指令地址或来自指令的操作数地址,经三态控制并驱动后,至外部地址总线(Address Bus,AB)送存储器或 I/O 接口电路。AB 是单向的,即存储器或 I/O 接口电路的地址信号均由 CPU 发出。

由于 MAR 及 DR 具有三态控制功能,只有当 CPU 需要通过 AB 及 DB 访问存储器或 I/O 接口时,CPU 内部的地址信号、数据信号才能与 AB 及 DB 连通;否则,它们之间会呈现高阻(即断开)状态。

(4)内存储器的结构及工作原理

设初级计算机中的内存储器由 256 个存储单元组成,每个存储单元存放 8 位二进制信息,该内存储器的结构如图 1.1.3 所示。由图 1.1.3 可见,内存储器由存储阵列、地址译码器、三态数据缓冲器及控制电路组成。在本例中,256 个存储单元的地址号为 00H,01H,…,FFH。从 CPU 发来的 8 位指令地址或操作数地址经 AB 送入存储器的地址译码器进行译码,从而选中所需要的存储单元,进行读/写操作。

三态数据缓冲器对 RAM 来说是双向的,它将存储单元的数据进行三态缓冲控制后,与 CPU 的外部 DB 相连。只有当存储器中的存储单元被选中时,存储器内部的数据信号线才能与外部 DB 连通;否则,将呈现高阻(即断开)状态。存储器中的控制电路则接收来自 CPU 的控制信号(如"访问存储器信号""读信号"或"写信号"等),经组合变换后对存储器的地址译码、数据存取操作等进行控制。

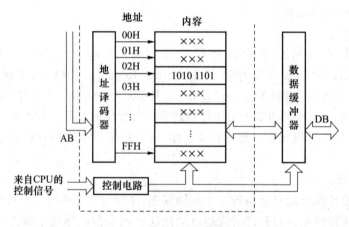

图 1.1.3　内存储器的结构

1)读操作

图 1.1.4 是存储器读操作示意图。若设图中 04H 存储单元的内容为 00100110B(即 26H),则读出时,首先由 CPU 的 MAR 发出 8 位二进制地址信号 00000100B(即 04H),经 AB 送存储器的地址译码器。同时,由 CPU 的控制部件发出"访问存储器信号"和"读信号"等,这些控制信号经存储器的控制电路组合变换后送往存储器的相应部件,从而选中 04H 存储单元,并将其内容 26H 经三态数据缓冲器及 DB 送 CPU 中某寄存器(如 AL)。数据信息 26H 从存储单元 04H 中读出至 CPU 后,04H 中的内容保持不变。

2)写操作

图 1.1.5 是存储器写操作示意图。若要把 CPU 中某寄存器(如 AL)的内容写入存储器的某存储单元中,则首先由 CPU 的 MAR 发出地址信号(如 10H),经 AB 送存储器的地址译码器,并由 CPU 的控制部件发出"访问存储器信号"和"写信号"等,经 CB 送往存储器相应部件,从而

选中 10H 单元。然后,CPU 将要写入的数据经 DB 写入 10H 单元。数据写入 10H 单元后,该单元原存数据将被新写入的数据信息代替。若 10H 单元原内容为 0AH,AL 中的内容为 26H,则将 AL 中的内容写入 10H 单元后,10H 单元的内容变为 26H,AL 中的内容不变。

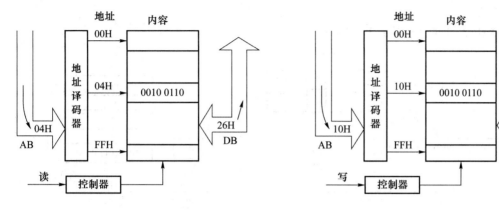

图 1.1.4 存储器读操作示意图   图 1.1.5 存储器写操作示意图

2. 简单程序举例

下面以一个简单的例子来说明程序执行的过程。例如,求 7 和 10 的和。

第一步,要为这样的操作编制一个程序。用助记符形式表示的程序如下:

```
MOV    AL,7     ;数 7 送 AL 寄存器
ADD    AL,10    ;AL 寄存器内容与数 10 做加法,和值保存在 AL 寄存器中
HLT             ;CPU 暂停
```

但是,模型机并不认得助记符,指令必须用机器码来表示,操作数也只能用二进制或十六进制表示。对应的机器码程序如下:

```
10110000         ;第一条指令 MOV AL,n
00000111         ;n = 7
00000100         ;第二条指令 ADD AL,n
00001010         ;n = 10
11110100         ;第三条指令 HLT
```

总共是 3 条指令,5 字节。

第二步,程序应该放入存储器中,若程序放在以 00H(2 位十六进制数)开始的存储单元内,则需要 5 个存储单元,如图 1.1.6 所示。

第三步,执行程序。在执行程序时,对 PC 赋以第一条指令的地址 00H,然后就进入第一条指令的取指阶段,具体操作过程如下:

① 把 PC 的内容(00H)送至地址寄存器;

② 待 PC 的内容可靠地送至地址寄存器后,PC 的内容自动加 1,变为 01H;

③ 地址寄存器通过地址总线把地址号 00H 送至存储器,经过地址译码器译码,选中 00 号存储单元;

④ CPU 发出读命令;

⑤ 所选中的 00 号存储单元的内容 B0H

地址		内容	
十六进制	二进制		
00	0000 0000	1011 0000	MOV AL,n
01	0000 0001	0000 0111	n=7
02	0000 0010	0000 0100	ADD AL,n
03	0000 0011	0000 1010	n=10
04	0000 0100	1111 0100	HLT

图 1.1.6 指令的存放

读至数据总线上；

⑥ 读出的内容经过数据总线送至 DR；

⑦ 因为是取指阶段,取出的是指令,所以 DR 把它送至 IR,然后经过译码发出执行这条指令的各种控制命令。

取第一条指令的过程如图 1.1.7 所示。

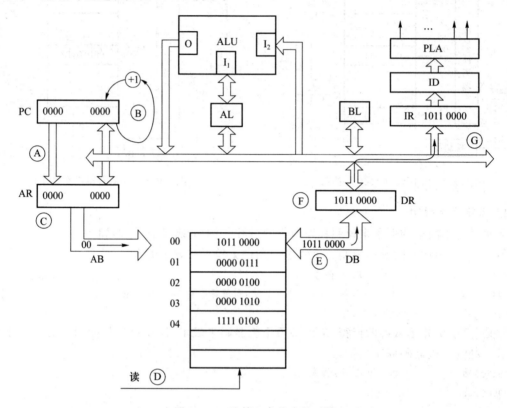

图 1.1.7 取第一条指令的过程

此后就转入了执行第一条指令的阶段。对操作码进行译码后可知,这是一条把操作数送至 AL 的指令,而操作数在指令的第二个字节,所以,执行第一条指令就必须把指令第二个字节中的操作数取出来。

取指令第二个字节的过程如下：

① 把 PC 的内容 01H 送至地址寄存器；

② 待 PC 的内容可靠地送至地址寄存器后,PC 自动加 1,变为 02H；

③ 地址寄存器通过地址总线把地址号 01H 送至存储器,经过译码,选中相应的 01 号存储单元；

④ CPU 发出读命令；

⑤ 选中的存储单元的内容 07H 读至数据总线上；

⑥ 通过数据总线,把读出的内容送至 DR；

⑦ 因为已读出的是操作数,且指令要求把它送至 AL,故由 DR 通过内部数据总线送至 AL。

取第一条指令的操作数的过程如图 1.1.8 所示。

至此,第一条指令执行完毕,进入第二条指令的取指阶段。取第二条指令的过程如下：

① 把 PC 的内容 02H 送至地址寄存器；

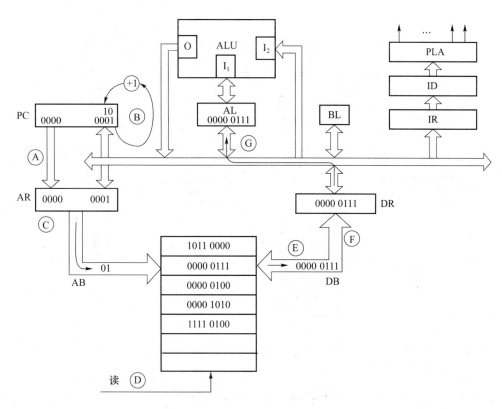

图 1.1.8　取第一条指令的操作数的过程

② 待 PC 的内容可靠地送至地址寄存器后,PC 自动加 1,变为 03H;

③ 地址寄存器通过地址总线把地址号 02H 送至存储器,经过译码,选中相应的 02 号存储单元;

④ CPU 发出读命令;

⑤ 选中的存储单元的内容 04H 读至数据总线上;

⑥ 读出的内容通过数据总线送至 DR;

⑦ 因为是取指阶段,读出的为指令,所以 DR 把它送至 IR,经过译码,发出各种控制信息。

取第二条指令的过程如图 1.1.9 所示。

对指令进行译码后可知,此为加法指令,以 AL 的内容为一个操作数,另一个操作数在指令的第二个字节中,执行第二条指令必须取出指令的第二个字节。

取第二条指令的第二个字节及执行指令的过程如下:

① 把 PC 的内容 03H 送至 AR;

② 待 PC 的内容可靠地送至 AR 以后,PC 自动加 1,变为 04H;

③ AR 通过地址总线把地址号 03H 送至存储器,经过译码,选中相应的 03 号存储单元;

④ CPU 发出读命令;

⑤ 选中的存储单元的内容 0AH 读至数据总线上;

⑥ 数据通过数据总线送至 DR;

⑦ 因为由指令译码已知读出的为操作数,而且要与 AL 中的内容相加,故数据由 DR 通过内部数据总线送至 ALU 的另一个输入端;

⑧ AL 中的内容送至 ALU,且执行加法操作;

⑨ 相加的结果由 ALU 输出至 AL 中。

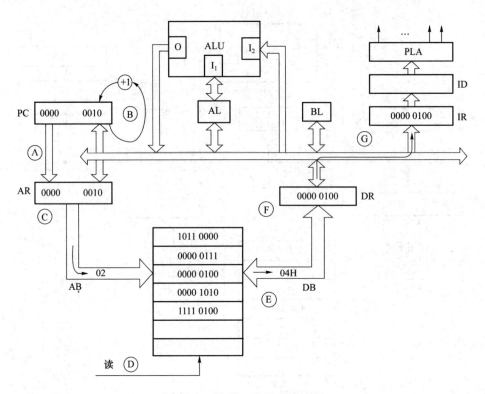

图 1.1.9　取第二条指令的过程

执行第二条指令的过程如图 1.1.10 所示。

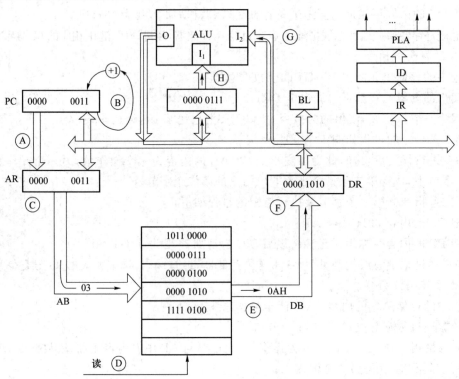

图 1.1.10　执行第二条指令的过程

至此,第二条指令执行完毕,转入第三条指令的取指阶段。按照与上述类似的过程取出第三条指令,经译码后就停机。

1.2　微处理器(教材第 2 章)学习辅导

1.2.1　知识点梳理

微处理器知识结构如图 1.2.1 所示。

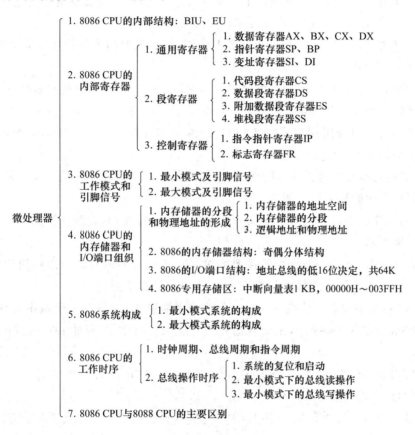

图 1.2.1　微处理器知识结构

重点:寄存器组,8086 CPU 的最小工作模式及引脚,内存空间的分段组织,物理地址和逻辑地址。

难点:寄存器组,8086 CPU 引脚及其工作时序。

1.2.2　习题解答

1. 8086/8088 CPU 由哪两部分组成? 它们的主要功能各是什么?

答:8086/8088 CPU 内部由两个独立的工作单元组成,即总线接口单元(Bus Interface Unit, BIU)和指令执行单元(Execution Unit,EU),取指令、指令译码及执行指令等步骤由这两个独立单元分别处理。其中,总线接口单元是 8086 CPU 与存储器和 I/O 端口之间传送信息的接口,它提供了 16 位双向的数据总线和 20 位地址总线,完成所有外部总线操作,包括地址形成、取指令、指令排队、读/写操作数和总线控制。指令执行单元完成指令译码和执行指令的工作。

2. 8086/8088 CPU 为什么要采用地址/数据线分时复用？有何好处？

答：由于微处理器外部引脚数量的限制，常采用总线分时复用技术，一些引脚起多个作用。采用分时复用技术可以减少芯片的引脚数。

3. 8086/8088 CPU 中的标志寄存器分为哪两类？两者有何区别？

答：8086/8088 CPU 中的标志寄存器分为状态标志位和控制标志位。

区别如下：状态标志位记录了算术和逻辑运算结果的一些特征，是指令执行后自动建立的，这些特征可以作为一种先决条件来决定下一步的操作；控制标志位通过指令设置，每一种控制标志被设置后都对 CPU 之后的操作产生控制作用。

4. 设段寄存器 CS＝2400H，指令指示器 IP＝6F30H，此时指令的物理地址是多少？指向这一物理地址的 CS 值和 IP 值是否是唯一的？

答：指令的物理地址是 2AF30H，指向这一物理地址的 CS 值和 IP 值不是唯一的。

5. 什么是指令周期？什么是时钟周期？什么是总线周期？三者有何关系？8086/8088 系统中的总线周期由几个时钟周期组成？如果 CPU 的主时钟频率为 25 MHz，一个时钟周期是多少？一个总线周期是多少？

答：时钟周期是指每个时钟脉冲持续的时间，是微处理器执行指令的最小时间单位，又称 T 状态。时钟周期等于微机主频的倒数。

总线周期是 CPU 通过总线对内存或 I/O 端口进行一次读/写过程所需的时间，一个总线周期包括多个时钟周期。

指令周期是 CPU 执行一条指令所需要的时间。指令周期由若干个总线周期构成，不同功能的指令或同一功能的指令的寻址方式不同时，指令周期也不同。

8086/8088 系统中的基本总线周期由 4 个时钟周期组成，如果在一个基本总线周期 4 个 T 状态内不能完成一次读/写操作，则要在总线周期的 T_3 和 T_4 之间插入一个或若干个等待状态 T_w。

如果 8086/8088 CPU 的主时钟频率为 25 MHz，一个时钟周期是主时钟频率的倒数，即 4 ns。一个基本总线周期是 4 ns×4＝16 ns。

6. 在总线周期的 T_1，T_2，T_3，T_4 状态 CPU 分别执行什么动作？什么情况下需插入等待状态 T_w？何时插入？怎样插入？

答：分别在 CPU 进行总线读操作和写操作时进行讨论。

① 当 CPU 进行总线读操作时，在各个时钟周期 CPU 执行的动作如下所述。

• T_1 状态：

从存储器或 I/O 端口读出数据，M/$\overline{\text{IO}}$ 信号有效且一直保持到 T_4 状态结束。

指出要读取的存储单元或 I/O 端口的地址，20 位地址信号通过 $A_{19}/S_6 \sim A_{16}/S_3$ 和 $AD_{15} \sim AD_0$ 输出，送到存储器或 I/O 端口。

对地址的锁存，在 T_1 状态从 ALE 引脚上输出一个正脉冲作为地址锁存信号。在 ALE 的下降沿到来之前，M/$\overline{\text{IO}}$ 信号、地址信号均已有效。

送出 $\overline{\text{BHE}}$ 信号，表示高 8 位数据总线上的信息可以使用。

当系统中接有数据总线收发器时，DT/$\overline{\text{R}}$ 输出低电平，表示本总线周期为读周期，即让数据总线收发器接收数据。

- T_2 状态：

地址信号消失，$AD_{15} \sim AD_0$ 进入高阻状态，为读出数据做准备。

$A_{19}/S_6 \sim A_{16}/S_3$ 和 $\overline{BHE}/S_7$ 输出状态信息 $S_7 \sim S_3$。

$\overline{DEN}$ 信号变为低电平，使总线收发器获得数据允许信号。

$\overline{RD}$ 引脚上输出读有效信号，送到系统中所有的存储器和 I/O 接口芯片，但只能从地址信号选中的存储单元或 I/O 端口读出数据，送到系统数据总线上。

- T_3 状态：

在前沿（下降沿处），对引脚 READY 进行采样。若 READY 信号为高电平，则在后沿（上升沿处）通过 $AD_{15} \sim AD_0$ 获取数据。若 READY 信号为低电平，则将插入等待状态 T_w，直到 READY 信号变为高电平。

- T_4 状态：

相关总线变为无效状态。

② 当 CPU 进行总线写操作时，在各个时钟周期 CPU 执行的动作如下所述。

- T_1 状态：

向存储器或 I/O 端口写数据，$M/\overline{IO}$ 信号有效且一直保持到 T_4 状态结束。

指出要写的存储单元或 I/O 端口的地址，20 位地址信号通过 $A_{19}/S_6 \sim A_{16}/S_3$ 和 $AD_{15} \sim AD_0$ 输出，送到存储器或 I/O 端口。

对地址的锁存，在 T_1 状态从 ALE 引脚上输出一个正脉冲作为地址锁存信号。在 ALE 的下降沿到来之前，$M/\overline{IO}$ 信号、地址信号均已有效。

送出 $\overline{BHE}$ 信号，表示高 8 位数据总线上的信息可以使用。

当系统中接有数据总线收发器时，$DT/\overline{R}$ 输出高电平，表示本总线周期为写周期，即让数据总线收发器发送数据。

- T_2 状态：

地址信号消失，立即通过 $AD_{15} \sim AD_0$ 输出数据，并一直保持到 T_4 状态中间，为写入数据做准备。

$A_{19}/S_6 \sim A_{16}/S_3$ 和 $\overline{BHE}/S_7$ 输出状态信息 $S_7 \sim S_3$。

$\overline{DEN}$ 信号变为低电平，使总线收发器获得数据允许信号。

$\overline{WR}$ 引脚上输出写有效信号，送到系统中所有的存储器和 I/O 接口芯片，但只能向地址信号选中的存储单元或 I/O 端口写数据。

- T_3 状态：

在前沿（下降沿处），对引脚 READY 进行采样。若 READY 信号为高电平，则在后沿（上升沿处）通过 $AD_{15} \sim AD_0$ 获取数据。若 READY 信号为低电平，则将插入等待状态 T_w，直到 READY 信号变为高电平。

- T_4 状态：

相关总线变为无效状态。

7. 8086/8088 在最大模式和最小模式下各有什么特点和不同？

答：在最小模式下，系统中只有一个 8086/8088 微处理器，所有的总线控制信号都直接由 8086/8088 CPU 产生，系统中的总线控制电路被减到最小。此时，$MN/\overline{MX} = +5 \text{ V}$。

MN/$\overline{\text{MX}}$接地,则工作于最大模式。此时增加了一个总线控制器 8288,由 8288 输出系统所需的总线命令和控制信号。

8. 说明 8086 CPU 最小模式下的系统配置及引脚功能。

答:8086 CPU 最小模式下的系统配置包括 8086 CPU、存储器及 I/O 接口芯片、1 片时钟发生器(8284)、3 片地址锁存器(8282/8283 或 74LS373)、2 片总线收发器(8286/8287 或 74LS245)。

引脚功能如下所述。

$AD_{15} \sim AD_0$(Address/Data Bus,地址/数据总线):双向,三态。

$A_{19}/S_6 \sim A_{16}/S_3$(Address/Status,地址/状态线):分时复用,输出,三态。

ALE(Address Latch Enable,地址锁存允许信号):用作地址锁存器 8282/8283 的选通信号,输出,高电平有效。

$\overline{\text{BHE}}/S_7$(Bus High Enable/Status,高 8 位数据总线允许/状态信号):输出,三态,低电平有效。

$\overline{\text{DEN}}$(Data Enable,数据允许信号):输出,三态,低电平有效。

DT/$\overline{\text{R}}$(Data Transmit/Receive,数据发送/接收控制信号):用来控制数据传送的方向,三态,输出。

M/$\overline{\text{IO}}$(Memory/Input Output,存储器、I/O 端口选择控制信号):指明当前 CPU 是访问存储器还是访问 I/O 端口,三态,输出。

$\overline{\text{RD}}$(Read,读信号)、$\overline{\text{WR}}$(Write,写信号):输出,三态,低电平有效。

READY(Ready,准备就绪信号):用来实现 CPU 与存储器或 I/O 端口之间的时序匹配,输入,高电平有效。

RESET(Reset,复位信号):输入,高电平有效。

MN/$\overline{\text{MX}}$(Minimum/Maximum Mode Control,最小/最大工作模式控制信号):用来设置 8086 CPU 的工作模式,输入。

INTR(Interrupt Request,可屏蔽中断请求信号):输入,高电平有效。

$\overline{\text{INTA}}$(Interrupt Acknowledge,中断响应信号):$\overline{\text{INTA}}$信号是 CPU 对外部来的中断请求信号 INTR 的响应信号,输出,低电平有效。

NMI(Non Maskable Interrupt,不可屏蔽中断请求信号):输入,正跳变上升沿有效。

$\overline{\text{TEST}}$(Test,测试信号):用来支持构成多处理器系统,输入,低电平有效。

HOLD(Hold Request,总线保持请求信号):也叫作"请求占用总线"请求信号,输入,高电平有效。

HLDA(Hold Acknowledge,总线保持响应信号):HLDA 是与 HOLD 配合使用的联络信号,输出,高电平有效。

CLK(Clock,时钟信号):为 CPU 提供基本的定时脉冲信号,输入。

V_{cc}(+5 V)、GND(地线):为 8086 CPU 提供所需要的+5 V 电源和地线。

9. 8086/8088 的存储器空间各是多少? 两者的存储器结构有何不同? 寻址一字节存储单元时有何不同?

答:8086/8088 的存储器空间均为 1 MB。

8086 存储器内部为奇偶分体结构,8088 存储器无须分体。

8086 寻址一字节存储单元时,仅选中某个存储体(偶存储体或奇存储体),对应的 8 位数据在数据总线上有效,另外 8 位数据被忽略,其中,奇地址存储体对应数据线 $D_8 \sim D_{15}$,偶地址存储体对应数据线 $D_0 \sim D_7$。8088 寻址一字节时,所有存储单元都使用相同的数据线 $D_0 \sim D_7$。

10. 简述 8086/8088 最小模式下的总线读操作和写操作的过程及所涉及的主要控制信号。

答:总线读、写操作涉及的主要控制信号有:$M/\overline{IO}$ 信号、20 位地址信号 $A_{19}/S_6 \sim A_{16}/S_3$ 和 $AD_{15} \sim AD_0$、$\overline{BHE}$ 信号、ALE 信号、$DT/\overline{R}$ 信号、$\overline{DEN}$ 信号、READY 信号、$\overline{RD}$ 信号(用于读操作)和 $\overline{WR}$ 信号(用于写操作)。

11. 设存储器内数据段中存放了两个字 2FE5H 和 3EA8H,已知 DS＝3500H,数据存放的偏移地址为 4F25H 和 3E5AH,画图说明这两个字在存储器中的存放情况。若要读取这两个字,需要对存储器进行几次读操作?

答:两个字在存储器中的存放情况如图 1.2.2 所示。

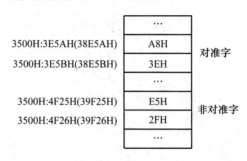

图 1.2.2　2FE5H 和 3EA8H 在存储器中的存放情况

若要读取字 3EA8H,需对存储器进行 1 次读操作;若要读取字 2FE5H,需对存储器进行 2 次读操作。

12. 要求:在 8086 最小工作模式下,对流水灯进行控制。流水灯的控制开关 $K_0 \sim K_7$ 通过输入接口 74LS245 接入 8086 CPU 系统;CPU 系统通过输出接口 74LS373 控制流水灯,当拨动开关 $K_0 \sim K_7$ 时,8086 CPU 控制相应的指示灯变亮,给出原理框图、仿真图、程序流程图及程序清单。

答:①图 1.2.3 为流水灯控制原理框图。

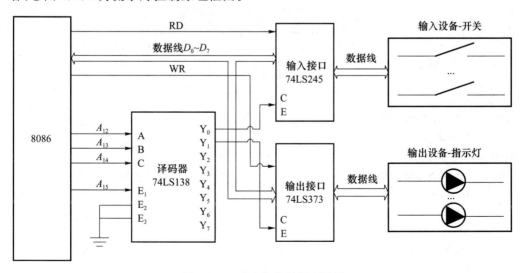

图 1.2.3　流水灯控制原理框图

② 图 1.2.4 为流水灯控制仿真图。

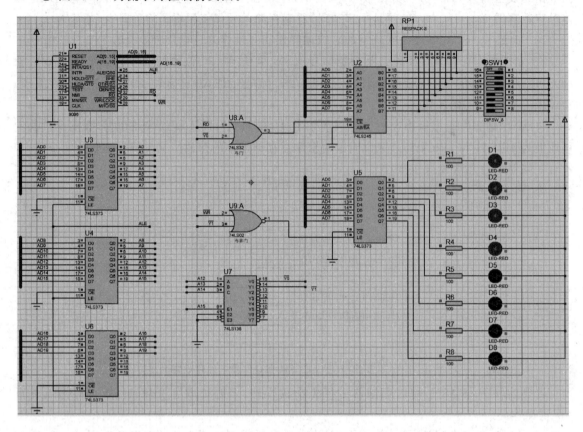

图 1.2.4　流水灯控制仿真图

③ 图 1.2.5 为流水灯控制程序流程图。

图 1.2.5　流水灯控制程序流程图

④ 程序清单如下。

```
CODE      SEGMENT PUBLIC 'CODE'
          ASSUME CS:CODE
START:
ENDLESS:MOV DX,8000H ;74LS245 输入
          IN AL,DX
          MOV DX,9000H ;74LS373 输出
          OUT DX,AL
          JMP ENDLESS
CODE      ENDS
          END START
```

1.2.3　拓展学习:微机总线

1. 微机总线

总线是各种信号线的集合,是计算机各部件之间传输数据、地址和控制信息的公共通道。采用总线结构便于各部件和设备的扩充,制定统一的总线标准可实现不同设备之间的互连,实现信息共享和交换。总线由传输信息的物理介质以及一套管理信息传输的通信规则(协议)组成。总线的特点是"公用性",即同时挂接多个模块或设备。两个模块或设备之间专用的信号连接线不能称为总线。微机系统采用总线以后,不仅简化了系统硬件的设计过程及系统结构,也减少了软件的设计和调试工作,缩短了软、硬件的研制周期,从而降低了系统的成本。

(1)微机总线分类

在微机系统中,有各种各样的总线,这些总线可以从不同的层次和角度进行分类。

1)片总线

片总线又称"元件级总线"或"芯片总线",是微处理器芯片内部引出的总线,它是用处理器构成一个部件(如 CPU 插件)或一个很小的系统时信息传输的通路。各类微处理器的引脚信号即片总线,例如,8086 CPU 的地址线、数据线和控制线等构成该芯片的片总线。

2)内总线

内总线(I-BUS)又称"系统总线"或"板级总线",也就是常说的"微机总线",它是微机系统中各插件之间信息传输的通路,是微机系统所特有的,应用最多。常用的内总线有 STD 总线、MULTIBUS(多总线)、AT 总线等,32 位微机系统出现以后又推出了许多 32 位微机总线,如MCA 总线、VME 总线、EISA 总线和 PCI 总线等。

3)外总线

外总线(E-BUS)又称"通信总线",它是微机系统之间或微机系统与其他系统(仪器、仪表、控制装置)之间信息传输的通路,往往借用电子工业其他领域已有的总线标准。常用的外总线有RS-232C、RS449、IEEE.488 等。

4)局部总线

局部总线可看作 CPU 总线和系统总线之间的一种总线,它具有较高的时钟频率和传输率,在一定程度上克服了系统总线的瓶颈问题,提高了系统性能。

使用局部总线后,系统内有多条不同级别的总线,形成了"分级总线结构"。在这种体系中,传输要求不同的设备"分类"连接在性能不同的总线上,合理地分配系统资源,满足不同设备的不同需要。此外,局部总线信号独立于 CPU,处理器的更换不会影响系统结构。常用的局部总线有 3 种:EISA 局部总线、PCI 局部总线、AGP 总线。

(2)片总线的作用

片总线通常包括地址总线、数据总线和控制总线等三组总线。了解这三组总线的具体组成、用途及其相互关系,对于解决微机系统的应用及接口问题十分重要。

1)地址总线

地址总线通常是单向总线,由 CPU 输出。16 位微处理器有 20 条或 24 条地址总线,32 位微处理器一般有 32 条地址总线。地址总线既用于存储器的操作,又用于 I/O 操作。

2)数据总线

数据总线是双向总线。16 位微处理器有 16 条数据总线,32 位微处理器通常有 32 条数据总线。数据总线用来传送各类数据,由于数据总线的作用是把信息送入 CPU 或从 CPU 送出,因此要求严格的时序控制电路和转接电路(如锁存器、三态器件和各种门电路)加以配合和协调。

可以通过数据总线传送的数据类型包括:数值数据、指令码、地址信息、设备码、控制字和状态字。

3) 控制总线

不同型号的微处理器有不同数目的控制总线,其方向和用途也不一样,但几乎所有的控制总线都与系统的同步功能有关,下面这些控制线是一般的微处理器所共有的:

① 读出线和写入线;

② 中断请求线和中断响应线;

③ 同步(选通或时钟)信号线;

④ 保持、等待就绪(准备好)线。

总之,控制总线用来传送保证计算机同步和协调的定时信号和控制信号,从而保证正确地通过数据总线传送各项信息的操作。

(3) 总线的性能指标

1) 总线宽度

总线宽度指的是总线中数据总线的位数,用 bit(位)表示,总线宽度包括 8 位、16 位、32 位和 64 位。数据总线的位数越多,一次传输的信息就越多。例如,EISA 总线宽度为 16 位,PCI 总线宽度为 32 位,PCI.2 总线宽度可达到 64 位。微型计算机的总线宽度一般不会超过 CPU 外部数据总线的宽度。显然,总线的数据传输量与总线宽度成正比。

2) 总线时钟

总线时钟是总线中各种信号的定时标准。总线通常有一个基本时钟,总线上其他信号都以这个时钟为基准,这个时钟的频率是总线工作的最高频率。一般来说,总线时钟频率越高,其单位时间内的数据传输量越大,但不完全成正比例关系。EISA 总线的时钟频率为 8 MHz,PCI 总线为 33.3 MHz,PCI.2 总线可达 66 MHz。

3) 最大数据传输速率

最大数据传输速率指的是在总线中每秒传输的最大字节量,单位为 MB/s。最大数据传输速率有时也被称为带宽(bandwidth)。

在现代微机中,一般可做到一个总线时钟周期完成一次数据传输,因此,总线的最大数据传输速率为总线宽度除以 8(每次传输的字节数)再乘以总线时钟频率。

例如,PCI 总线宽度为 32 位,总线时钟频率为 33 MHz,则最大数据传输速率为 32÷8×33＝132 MB/s。但有些总线采用了一些新技术(如在时钟脉冲的上升沿和下降沿都选通等),使得最大数据传输速率比上面的计算结果高。

总线是用来传输数据的,所采取的各项提高性能的措施最终都要反映在传输速率上,所以在诸多指标中最大数据传输速率是最重要的。

(4) 总线标准

总线标准是对总线的插头及插头座的详细和明确的规范说明,包括几何尺寸、插头针数、各个插针的定义及工作的时序。总线标准为计算机系统(或计算机应用系统)中各个模块的互连提供一个标准接口,按总线标准设计的接口是通用接口。

目前总线标准有两类:一类是 IEEE(美国电气及电子工程师协会)标准委员会定义与解释的标准,如 IEEE.488 总线和 RS-232C 串行接口标准等,这类标准现有二十多个。一类是因广泛应用而被大家接受与公认的标准,如 S.100 总线、IBM PC 总线、ISA 总线、EISA 总线、STD 总线接口标准等。不同的总线标准可以用于不同的微机系统或者同一微机系统的不同位置。

总线标准一般包括以下几个部分。

① 机械结构规范:确定模板尺寸、总线插头、边沿连接器等的规范及位置。

② 功能规范:确定各引脚信号的名称、定义、功能与逻辑关系,对相互作用的协议(定时)进行说明。

③ 电气规范:规定信号工作时的高低电平、动态转换时间、负载能力以及最大额定值。

随着微机系统的发展,总线在不断地发展和完善。

(5) PCI 总线

1991 年下半年,Intel 公司首先提出了 PCI(Peripheral Component Interconnect,外围部件互连)总线。PCI 总线是一种同步且独立于处理器的 32 位或 64 位的局部总线,支持多总线主控和线性突发方式。PCI 总线支持微处理器快速访问系统存储器,并支持适配器之间的相互访问。PCI 总线不能兼容现有的 ISA、EISA、MCA 总线,但它不受制于处理器,是基于奔腾等新一代微处理器而发展的总线。

1) PCI 系统结构

PCI 总线支持微处理器快速访问系统存储器,并支持适配器之间的相互访问。图 1.2.6 为基于 PCI 总线的微机系统典型结构框图。一般的奔腾系统中都采用 PCI 与 ISA 总线并存的系统。

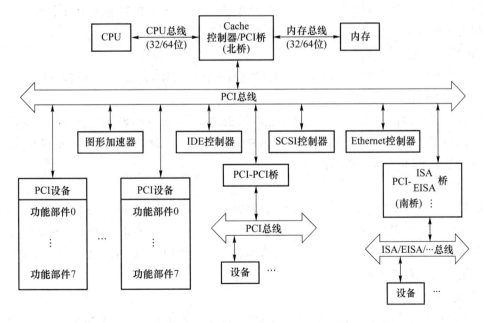

图 1.2.6 基于 PCI 总线的微机系统典型结构框图

典型的 PCI 系统包括两个桥接器:Host/PCI 桥和 PCI/ISA 桥。Host/PCI 桥也称北桥(North Bridge),连接 CPU 和基本 PCI 总线,其中包括存储器管理部件和 AGP 接口部件,使得

PCI 总线上的部件可以与 CPU 并行工作。PCI/ISA 桥也称南桥（South Bridge），连接基本 PCI 总线到 ISA 或 EISA 总线，其中包括中断控制器、IDE 控制器、USB 主控制器和 DMA 控制器，可将 PCI 总线转换为标准总线（如 ISA、EISA 等），以便在标准总线上挂接低速设备〔如打印机、调制解调器（MODEM）、传真机、扫描仪等〕。

北桥和南桥构成芯片组，基本 PCI 总线上可以连接一个或多个 PCI 桥，一个芯片组可以支持一个以上北桥。PCI 系统由桥接器将处理器、存储器、PCI 总线和扩展系统联系在一起。

2）PCI 总线的主要性能和特点

PCI 总线是一种不依附于某个具体微处理器的局部总线。从结构上看，PCI 总线是在 CPU 和原来的系统总线之间插入的一级总线，由一个桥接电路实现对这一层的管理，并实现上下之间的接口以协调数据的传送。

① 数据传输率高

PCI 的数据总线宽度为 32 位，可扩充到 64 位。PCI 以 33 MHz 的时钟频率工作，因此，若采用 32 位数据总线，数据传输率可达 132 MB/s，若采用 64 位数据总线，则最大传输率可达 264 MB/s。

② 支持突发传输

通常的数据传输是先输出地址后进行数据操作，即使所要传输的数据地址是连续的，每次也要有输出和建立地址的阶段。而 PCI 支持突发数据传输周期，该周期在一个地址相位后可跟若干个数据相位。这意味着从某一个地址开始，可以连续对数据进行操作，而每次的操作数地址是自动加 1 的。显然，这减少了无谓的地址操作，提高了传输速度。

③ 支持多主控器

在同一条 PCI 总线上可以有多个总线主控器（主设备），各主控器通过 PCI 总线专门设置的总线占用请求信号和总线占用允许信号竞争总线的控制权。

④ 减少存取延迟

PCI 总线能够大幅度减少外设取得总线控制权所需的时间，以保证数据传输的畅通。

⑤ 支持即插即用

即插即用是指在新的接口卡插入 PCI 总线插槽时，系统能自动识别并装入相应的设备驱动程序，因而立即可以使用。即插即用功能使用户在安装接口卡时不必再拨开关或设跳线，也不会因设置有错而使接口卡或系统无法工作。

⑥ 独立于处理器

传统的系统总线实际上是中央处理器信号的延伸或再驱动，而 PCI 总线以一种独特的中间缓冲器方式独立于处理器，并将中央处理器子系统与外设分开。通常在中央处理总线上增加更多的设备或部件会降低系统的性能和可靠性，而有了这种缓冲器的设计方式，用户可随意增添外设而不必担心会导致系统性能下降。

⑦ 其他数据完整

PCI 总线提供了数据和地址的奇偶校验功能，保证了数据的完整性和准确性。通过转换 5 V 和 3.3 V 工作环境，PCI 总线可适用于各种规格的计算机系统。PCI 总线插槽短而精致，PCI 芯片均为超大规模集成电路，体积小而可靠性高，PCI 总线采用地址/数据引脚复用技术，减少了引脚需求。

3) PCI 总线信号

PCI 总线引脚数为 120 条(包含电源、地、保留引脚等),如图 1.2.7 所示,左边为必备信号,右边为可选信号,这些总线信号按功能分为如下 9 组。

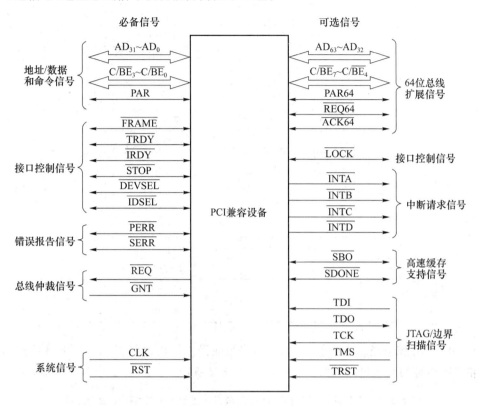

图 1.2.7　PCI 总线信号

① 系统信号

CLK(Clock):PCI 系统时钟信号,输入。时钟信号的频率范围是 0 MHz～33 MHz 或 33.33 MHz～66.66 MHz。而 66 MHz 时钟仅支持 3.3 V 的信号环境。

$\overline{RST}$(Reset):复位信号,输入,低电平有效。当复位信号有效时,将所有 PCI 专用的寄存器、定时器和信号复位到指定状态。一般情况下,全部输出信号处于高阻状态。

② 地址/数据和命令信号

$AD_{31}\sim AD_0$(Address/Data):地址和数据分时复用。在 $\overline{FRAME}$ 低电平有效时,该组信号线上传送 32 位物理地址,对于 I/O 端口,这是一个字节地址;在 $\overline{IRDY}$ 和 $\overline{TRDY}$ 都有效期间,该组信号线上传送 32 位数据,$AD_7\sim AD_0$ 为最低字节数据,$AD_{31}\sim AD_{24}$ 为最高字节数据。当 $\overline{IRDY}$ 有效时,表示写数据稳定有效;当 $\overline{TRDY}$ 有效时,则表示读数据稳定有效。

$C/\overline{BE}_3\sim C/\overline{BE}_0$(Command/Byte Enable):命令或字节使能信号,双向,三态,由主设备驱动。这组信号定义了总线操作类型,或者作为字节使能信号指出当前寻址的双字中传送的字节和用于传送数据的数据通道。

当 $C/\overline{BE}_3\sim C/\overline{BE}_0$ 表示 PCI 命令类型时,它的 16 种状态中的 12 种分别表示 12 种总线操作,如表 1.2.1 所示。

表 1.2.1 PCI 命令类型

C/$\overline{BE}_3$～C/$\overline{BE}_0$	命令类型
0000	中断响应
0001	特殊周期
0010	I/O 读
0011	I/O 写
0100	保留
0101	
0110	存储器读
0111	存储器写
1000	保留
1001	
1010	配置读
1011	配置写
1100	存储器多行读
1101	双地址周期
1110	存储器行读
1111	存储器写和读无效

当 C/$\overline{BE}_3$～C/$\overline{BE}_0$ 表示字节使能时,它指出当前操作使用的数据通道。字节使能信号在数据通道和当前寻址的双字空间的映射关系如表 1.2.2 所示。

表 1.2.2 字节使能信号在数据通道和当前寻址的双字空间的映射关系

字节使能	映 射
C/$\overline{BE}_3$	数据通道 3,AD_{31}～AD_{24} 和当前寻址双字的第 4 个字节
C/$\overline{BE}_2$	数据通道 2,AD_{23}～AD_{16} 和当前寻址双字的第 3 个字节
C/$\overline{BE}_1$	数据通道 1,AD_{15}～AD_8 和当前寻址双字的第 2 个字节
C/$\overline{BE}_0$	数据通道 0,AD_7～AD_0 和当前寻址双字的第 1 个字节

PAR(Parity):奇偶校验信号,双向,三态。对 AD_{31}～AD_0 和 C/$\overline{BE}_3$～C/$\overline{BE}_0$ 信号作奇偶校验(偶校验),以保证数据的有效性,分别被主设备和从设备驱动。

③ 接口控制信号

PCI 总线接口控制信号是总线操作过程中主设备和从设备的联络信号。

$\overline{FRAME}$:帧周期信号。由当前总线主设备控制,表示一个总线周期的开始和结束。

$\overline{TRDY}$(Target Ready):从设备准备好信号。由从设备控制,表示从设备准备好传送数据。

$\overline{IRDY}$(Initiator Ready):主设备准备好信号。由系统主设备控制,与 $\overline{TRDY}$ 信号同时有效可完成数据传输。

$\overline{STOP}$:停止信号。从设备要求主设备停止当前数据传送。

$\overline{DEVSEL}$(Device Select):设备选择信号。该信号有效时,当作为输出信号时,表示所译码的地址在设备的地址范围内,当作为输入信号时,表示总线上某设备是否被选中。

$\overline{\text{IDSEL}}$(Initialization Device Select):初始化设备选择信号。在配置读写期间,用于芯片选择。

$\overline{\text{LOCK}}$:锁定信号。用于保证主设备对存储器的锁定操作。

④ 仲裁信号

在两个以上总线主设备请求使用总线时,就需要对请求总线的设备进行仲裁。

⑤ 中断请求信号

$\overline{\text{INTA}}$、$\overline{\text{INTB}}$、$\overline{\text{INTC}}$和$\overline{\text{INTD}}$(Interrupt)是 PCI 的 4 个中断请求信号,漏极开路,低电平触发有效。

⑥ 错误报告信号

$\overline{\text{PERR}}$(Parity Error):数据奇偶校验错信号。

$\overline{\text{SERR}}$(System Error):系统错误信号。

用于报告地址奇偶错、数据奇偶错和命令错等。

⑦ 64 位总线扩展信号

PCI 规范定义了基于 32 位结构的 64 位扩展功能,扩展系统支持在一个 64 位主设备和一个 64 位从设备之间 8 字节的数据传送。

⑧ 高速缓存支持信号

$\overline{\text{SBO}}$(Snoop Back Off):双向,三态探测返回信号。当该信号有效时,关闭预测命令中的一个缓冲行。

$\overline{\text{SDONE}}$(Snoop Done):双向,三态探测完成信号。当该信号有效时,表示探测完成,命中一个缓冲行。

⑨ JTAG/边界扫描信号

边界扫描信号用于测试 PCI 上设备的内部电路,对 PCI 设备进行功能测试。

4) 输入/输出控制方式

① 突发传送

突发传送是 PCI 总线操作的一个主要特点,几乎所有 PCI 支持的数据交换都可以由突发传送来实现。突发传送是一种包含一个地址段,后面跟着两个或两个以上数据项的数据传送方式。

对总线拥有者来说,总线主设备只需进行一次仲裁。在突发周期内,主设备在地址段发出起始地址和操作类型,总线上所有的设备都锁定地址和操作类型,并将其译码,以确定谁是从设备。从设备将起始地址锁存在地址计数器(假设它支持突发模式)中,并且随着一个个数据项的传送递增地址。

在主设备和从设备都没有插入等待状态的情况下,数据项(双字或四字)在每个 PCI 时钟周期的上升沿传送。66 MHz 的 PCI 总线采用 32 位或 64 位数据传送时,可以达到 264 MB/s 或 528 MB/s 的传送速率。

② 主设备、从设备和代理

每个 PCI 突发传送都有两个参与者:主设备和从设备。总线主设备也称启动方,是启动传送的设备。在 PCI 规范中,总线主设备和启动方两个术语意义相同。从设备是指启动方为实现数据传送目的而正在寻址的设备。通常,PCI 启动方和从设备称为与 PCI 兼容的代理(Agent)。

③ PCI 总线时钟

PCI 总线上的所有活动都是和 PCI 时钟 CLK 同步的。对于 33 MHz 的总线,CLK 信号的频率范围是 0 MHz~33 MHz。所有 PCI 设备必须支持 16 MHz~33 MHz 的操作,并推荐支持直到 0 MHz 的操作。在节电状态下,可以停止时钟运行。

④ 地址段

PCI 操作都是从第一个 PCI 时钟周期内的地址段开始的。在地址段,主设备通过驱动地址总线来鉴别从设备,通过驱动 PCI 命令/字节使能总线来确定操作类型(也称命令类型)。在地址段,主设备使$\overline{\text{FRAME}}$信号有效,表示总线的起始地址和命令类型有效。每个 PCI 从设备必须在时钟的下一个上升沿锁存地址和命令,以便顺序译码。

⑤ 声明一次操作

当 PCI 从设备确定自己是操作的从设备以后,通过有效的$\overline{\text{DEVSEL}}$(设备选择)声明本次操作有效。如果主设备在一个预定的时间段内没有采样到有效的$\overline{\text{DEVSEL}}$,就使操作失败。

⑥ 数据项传输

数据项传输是主设备和从设备之间传输数据的阶段,通常从一次操作的第二个 PCI 时钟周期开始,数据项传输的数据字节数由命令/字节使能信号决定,这些信号在数据项中是由主设备驱动的。

每个数据项传输至少持续一个 PCI 时钟周期,主设备和从设备都必须表明它们准备好进行数据项传输,否则数据项便通过插入一个持续的 PCI CLK 等待周期进行扩展。PCI 总线定义了准备好信号线,主设备使用$\overline{\text{IRDY}}$,而从设备使用$\overline{\text{TRDY}}$。

⑦ 操作过程

PCI 操作中所有的数据传送都可以是突发传送。主设备并不是向从设备发出传送数据项的数目,而是在每个数据项传输阶段,通过控制信号指出是否准备好传送当前数据项,如果准备好传送,则指出该数据项是否是最后的数据项。在地址段的开始,主设备令$\overline{\text{FRAME}}$信号有效,并一直保持其有效状态,直到主设备准备好($\overline{\text{IRDY}}$有效)完成最后一个数据项传输。当从设备在数据项传输过程中采样到有效的$\overline{\text{IRDY}}$信号和无效的$\overline{\text{FRAME}}$信号时,就知道了这是最后一个数据项。但是,直到从设备令$\overline{\text{TRDY}}$有效时,数据项传输才能完成。

⑧ 传送结束和总线空闲

主设备通过无效$\overline{\text{FRAME}}$和有效$\overline{\text{IRDY}}$表明,突发传送的最后一个数据在传送过程中,当最后的数据传送完成时,主设备通过使$\overline{\text{IRDY}}$无效,将 PCI 总线返回空闲状态,$\overline{\text{TRDY}}$和 C/$\overline{\text{BE}}$。自然也是无效状态。如果另一个主设备已经被 PCI 总线仲裁器授权拥有总线,并正在等待当前主设备放弃总线,此时,它在 PCI 时钟的同一个上升沿检测到无效的$\overline{\text{FRAME}}$和$\overline{\text{IRDY}}$,则可知总线已经返回空闲状态。

2. 外部通信总线

(1) SCSI 总线

小型计算机系统接口(Small Computer System Interface,SCSI)总线现已普遍应用于服务器或高档台式机和工作站。SCSI 总线是高度智能化的接口,其接口特性使它在传输过程中仅需 5% 的 CPU 干预,这意味着 SCSI 总线在几乎不用 CPU 干预的情况下完成数据传输,从而提高了整个系统的性能。SCSI 定义了一种用来支持计算机和外围设备互连的总线,它被设计成一种有效的外设总线,用来支持多个设备,允许包括多个主机。这样一来,通过单一的 SCSI,可使不同的磁盘、磁带、打印机和光驱加入主机系统中,而不需要修改系统的硬件或软件。

8 位数据宽度的 SCSI 称为窄总线,仅能驱动 7 个 SCSI 设备。现在 16 位数据宽度的 SCSI 宽总线则可驱动 15 个设备。SCSI 接口定义如表 1.2.3 所示。Ultra SCSI 接口定义采用了 LVD(低电压差分)信号电平,它较 HVD(高电压差分)信号电平可以达到更高的传输速度。

SCSI 窄总线采用 50 芯连线和接插件；SCSI 宽总线则采用 68 芯的电缆，当需要设计成具有热插拔功能的 SCSI 设备时，则使用 80 芯的接口。

表 1.2.3　SCSI 接口定义

总线类型	数据宽度/位	信号电平	最大传输率/(Mbit·s^{-1})
SCSI-1	8	HVD	5
SCSI-2	8	HVD	10
SCSI-3	8 或 16	HVD	20
Ultra SCSI	8 或 16	LVD	40
Ultra SCSI-2	8 或 16	LVD	80
Ultra SCSI-3	16	LVD	160
Ultra SCSI320	16	LVD	320

SCSI 总线是一种规范的总线逻辑接口。SCSI 有 9 条控制线：$\overline{BUSY}$、$\overline{SEL}$、$\overline{RST}$、$\overline{MSG}$、C/D、I/O、$\overline{REQ}$、$\overline{ATN}$ 和 $\overline{ACK}$。这些控制线协同 8 位或 16 位数据线完成总线的操作。信息传送过程通过 $\overline{MSG}$、C/D、I/O 信号组合来决定信息传送的类型和方向，如表 1.2.4 所示。

表 1.2.4　SCSI 信息传送的类型和方向

$\overline{MSG}$	C/D	I/O	传送类型	传送方向
1	0	1	命令	I→T
1	1	1	数据	I→T
1	1	0	数据	I←T
1	0	0	状态	I←T
0	0	1	消息	I→T
0	0	0	消息	I←T

注：I 为启动设备；T 为目的设备。

SCSI 信息传送的不仅仅是数据，还包括命令、状态和消息，它们都是通过数据线进行传送的。信息传送过程中启动设备和目的设备用 $\overline{REQ}$ 和 $\overline{ACK}$ 进行同步，启动设备发 $\overline{REQ}$ 的同时将数据放入总线（I→T 操作），而目的设备则用 $\overline{ACK}$ 来确定数据已接收。有关其他信号的定义请参考相关资料。

（2）通用串行总线

通用串行总线（Universal Serial Bus, USB）实际上是一个万能的插口，可以取代 PC 上所有的端口（包括串行端口和并行端口），用户可以将几乎所有的外设装置等插头插入标准的 USB 口中，同时可以将一些 USB 外设进行串接，这样可以使多个设备共用 PC 上的端口。此外，一些 USB 产品，如数码相机和扫描仪，甚至不使用独立的电源即可工作，因为 USB 可提供电源。

1）USB 的功能特点

USB 是 Intel、DEC、Microsoft、IBM 等公司联合推出的一种新的串行总线标准，主要用于 PC 与外设的互连。

- USB 减轻了各个设备（如鼠标、调制解调器、键盘和打印机等）对目前 PC 中所有标准端口的需求，因而降低了硬件的复杂性和对端口的占用。整个 USB 系统只有一个端口，使用一个中断，节省了系统资源。

- USB 支持热插拔(Hot Plug)。也就是说,在不关闭微型计算机的情况下,可以安全地插上和断开 USB 设备,动态地加载驱动程序。
- USB 支持即插即用(Plug and Play,PnP)。当插入 USB 设备的时候,计算机系统检测该外设,并且自动加载相关驱动程序,对该设备进行配置,使其正常工作。
- USB 在设备供电方面提供了灵活性。USB 接口不仅可以通过电缆为连接到 USB 集线器或主机的设备供电,还可以通过电池或其他的电力设备为其供电,或者使用两种供电方式的组合,并且支持节约能源的挂机和唤醒模式。
- USB 提供全速 12 MB/s、低速 1.5 MB/s 和高速 480 MB/s(USB 2.0)3 种速率来适应各种不同类型的外设。
- 为了适应各种不同类型外设的要求,USB 提供了 4 种不同的数据传送类型。
- USB 具有很强的连接能力,最多可以以链接形式连接 127 个外设到同一系统,这对一般的计算机系统来说已经足够了。
- USB 具有很高的容错性能。因为在协议中规定了出错处理和差错恢复的机制,所以可以对有缺陷的设备进行认定,并对错误的数据进行恢复或报告。

总之,USB 在传统的计算机组织结构的基础上,引入网络的拓扑结构思想。USB 具有终端用户的易用性、广泛的应用性、带宽的动态分配、优越的容错性能、较高的性能价格比等特点,方便了外设的添加,适应了现代计算机的多媒体功能拓展,已逐步成为计算机的主流接口。

2) USB 物理接口

① USB 设备

USB 设备有集线器和功能部件两类。在 USB 系统中,集线器也是一种设备,即集线器设备。集线器可内置于某个设备(如键盘、显示器等)中,这种集线器被看作设备的一种功能。集线器简化了 USB 互连的复杂性。集线器串接在集线器上,可让不同性质的更多设备连在 USB 接口上,其连接点称作端口,每个集线器的上行端口向主机方向进行连接,下行端口允许连接其他集线器或功能部件。集线器可检测每个下行端口设备的安装或拆卸,并可为下行端口的设备分配资源。每个下行端口可分辨出连接的是高速设备还是低速设备。在设备与设备之间是无法实现直接通信的,只有通过主机的管理与调节,才能实现数据的互相传送。

② USB 电缆

USB 通过一种四芯电缆传送信号和电源。USB 2.0 在 USB 1.0 的基础上增加了另一种数据传输速率:高速 480 MB/s。如图 1.2.8 所示,USB 电缆中包括 V_{BUS}、GND 两条电源线,用来向设备提供电源。V_{BUS} 的电压为 +5 V。为了保证足够的输入电压和终端阻抗,重要的终端设备应位于电缆尾部,每个端口都可检测终端是否连接或分离,并区分出高速或低速设备。电缆中还有两条互相缠绕的数据线。所有设备都有一个上行和一个下行的连接,上行连接器和下行连接器不可互换,因而避免了集线器间非法的、循环往复的连接。

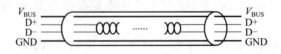

图 1.2.8 USB 电缆

③ USB 电源

主要包括电源分配和电源管理两方面的内容。电源分配是指 USB 如何分配计算机所提供的能源。需要主机提供电源的设备称为总线供能设备,如键盘、输入笔和鼠标等。而一些 USB 设备自带电源,该类设备称为自供能设备。USB 主机有与 USB 设备相互独立的电源管理系统,系统软件可以与主机的电源管理系统结合,共同处理各种电源事件,如挂起、唤醒等。每个设备可以从总线上获得 100 mA 的电流,如果有特殊情况向系统申请,最多可以获得 500 mA 的电流,在挂机的状态下,电流只有 500 mA。

USB 总线只有一个主机,其余的都是 USB 设备。主机和 USB 设备可以直接相连,或者通过 USB 集线器使一个 USB 端口同时连接多个 USB 设备,还可以通过多个集线器级联,连接更多的 USB 设备。

3）USB 系统的拓扑结构

USB 系统采用级联星形拓扑结构,USB 系统由三部分组成:USB 主机(USB Host)、USB 集线器(USB Hub)和 USB 设备(USB Device)。

USB 主机:安装在主板上或作为适配卡安装在计算机上。主机由主控制器和根集线器组成,控制着 USB 上的数据和控制信息的流动。在一个 USB 系统中,当且仅当有一个 USB Host 时,有以下功能:管理 USB 系统;每毫秒产生一帧数据;发送配置请求对 USB 设备进行配置操作;对总线上的错误进行管理和恢复。

USB 设备:在一个 USB 系统中,USB Device 和 USB Hub 总数不能超过 127。USB Device 接收 USB 上的所有数据包,通过数据包的地址域来判断是不是发给自己的数据包:若地址不符,则简单地丢弃该数据包;若地址相符,则通过响应 USB Host 的数据包与 USB Host 进行数据传输。USB 设备通过端口与总线连接,USB 设备也可作为 USB Hub 使用。

USB 集线器:用于设备扩展连接,所有 USB Device 都连接在 USB Hub 的端口上。一个 USB Host 总与一个根 Hub (USB Root Hub)相连。USB Hub 为其每个端口提供 100 mA 电流供设备使用。同时,USB Hub 可以通过端口的电气变化诊断出设备的插拔操作,并通过响应 USB Host 的数据包把端口状态汇报给 USB Host。一般来说,USB Device 与 USB Hub 间的连线长度不超过 5 m,USB 系统的级联不能超过 5 级(包括 Root Hub)。

4）USB 传输协议

USB 是一种采用轮询方式的总线,主机控制器初始化所有的数据传输。

每个总线执行动作按照传输前制定的原则,最多传输 3 个数据包。每次传输开始,主机控制器发送一个描述传输动作的种类、方向,USB 设备地址和端口号的数据包,这个数据包通常称为标志包(Packet ID,PID),USB 设备从解码后的数据包中取出属于自己的数据。传输开始时,由标志包来标志数据的传输方向,然后发送端发送数据包,接收端相应地发送一个握手的数据包,以表明传输是否成功。发送端和接收端之间的数据传输可视为在主机和设备端口之间的一条通道中进行。

通道可分为两类:流通道和消息通道。各通道之间的数据流动是相互独立的,一个 USB 设备可以有几条通道。例如,一个 USB 设备可建立向其他设备发送数据和从其他设备接收数据的两条通道。

5）USB 数据传输方式

在物理结构上,USB 系统是一个星形结构,但在逻辑结构上,每个 USB 逻辑设备都是直接与 USB 主机相连进行数据传输的。在 USB 上,每毫秒传输一帧数据,每帧数据可由多个数据包的传输过程组成。USB 设备可根据数据包中的地址信息来判断是否响应该数据传输。为了满足不同的通信要求,USB 提供了以下 4 种传输方式。

① 控制传输(Control Transfer)

控制传输是双向传输,数据量通常较小。控制传输支持外设与主机之间的控制、状态、配置等信息的传输,为外设与主机之间提供一条控制通道。每种外设都支持控制传输,这样,主机与外设之间就可以传输配置和命令/状态信息。

② 同步传输(Isochronous Transfer)

同步传输提供了确定的带宽和间隔时间(Latency)。同步传输用于时间严格并具有较强容错性的流数据传输,或者用于要求恒定的数据传输速率的传输和即时应用中。例如,在执行即时通话的网络电话应用中,使用同步传输方式是很好的选择。同步数据要求确定的带宽值和确定的最大传输次数,对同步传输来说,即时数据传递比精度和数据的完整性更重要。

③ 中断传输(Interrupt Transfer)

中断传输主要用于定时查询设备是否有中断申请。中断传输的典型应用是在少量的、分散的、不可预测数据的传输方面,键盘、操纵杆和鼠标等就属于这一类型,这些设备与主机间的数据传输量小、无周期性,但对响应时间敏感,要求马上响应。中断传输是单向的,并且对主机来说只有输入方式。

④ 数据块传输(Bulk Transfer)

数据块传输主要应用于传输大量数据又没有带宽和间隔时间要求的情况下,要求保证传输。打印机和扫描仪就属于这种类型,在满足带宽的情况下,才进行该类型的数据传输。

USB采用分块带宽分配方案,若外设超过当前或潜在的带宽分配要求,则主机将拒绝与外设进行数据传输。同步和中断传输类型的终端保留带宽,并保证数据按一定的速率传输,集中和控制终端按可用的最佳带宽来传输数据。但是,10%的带宽为批传输和控制传输保留,数据块传输仅在带宽满足要求的情况下才会出现。

(3) AGP 总线

AGP(Accelerate Graphical Port)是一种显示卡专用的局部总线接口。严格地说,AGP 不能称为总线,它与 PCI 总线不同,因为它是点对点连接,即连接控制芯片和 AGP 显示卡,但习惯上我们依然称其为 AGP 总线。AGP 是基于 PCI 2.1 版规范并进行扩充修改而成,工作频率为66 MHz。

AGP 总线直接与主板的北桥芯片相连,且通过该接口让显示芯片与系统主存储器直接相连,避免了窄带宽的 PCI 总线形成的系统瓶颈,增加 3D 图形数据传输速度,在显存不足的情况下还可以调用系统内存储器,所以它拥有很高的传输速率,这是 PCI 等总线无法比拟的。

由于采用了数据读写的流水线操作,减少了存储器等待时间,数据传输速度有了很大提高;具有 133 MHz 及更高的数据传输频率;地址信号与数据信号分离可提高随机存储器访问的速度;采用并行操作,允许在 CPU 访问系统 RAM 的同时 AGP 显示卡访问 AGP 存储器;显示带宽也不与其他设备共享,从而进一步提高了系统性能。

AGP 标准在使用 32 位总线时,有 66 MHz 和 133 MHz 两种工作频率,最大数据传输率分别为 266 MB/s 和 533 MB/s,而 PCI 总线理论上的最大传输率仅为 133 MB/s。目前最高规格的AGP 8X 模式下,数据传输速度达到了 2.1 GB/s。

AGP 接口的发展经历了 AGP 1.0(AGP 1X、AGP 2X)、AGP 2.0(AGP Pro、AGP 4X)、AGP 3.0(AGP 8X)等阶段,其传输速度也从最早的 AGP 1X 的 266 MB/s 的带宽发展到了AGP 8X的 2.1 GB/s。

不同 AGP 接口的特性如表 1.2.5 所示。

表 1.2.5 不同 AGP 接口的特性

	AGP 1.0		AGP 2.0(AGP 4X)	AGP 3.0(AGP 8X)
	AGP 1X	AGP 2X		
工作频率	66 MHz	66 MHz	66 MHz	66 MHz
传输带宽	266 MB/s	533 MB/s	1 066 MB/s	2 132 MB/s
工作电压	3.3 V	3.3 V	1.5 V	1.5 V
单信号触发次数	1	2	4	4
数据传输位宽	32 bit	32 bit	32 bit	32 bit
触发信号频率	66 MHz	66 MHz	133 MHz	266 MHz

目前常用的 AGP 接口为 AGP 4X、AGP PRO、AGP 通用及 AGP 8X 接口。需要说明的是，由于 AGP 3.0 显卡的额定电压为 0.8～1.5 V，因此不能把 AGP 8X 显卡插接到 AGP 1.0 规格的插槽中，也就是说，AGP 8X 规格与旧有的 AGP 1X/2X 模式不兼容。而对于 AGP 4X 系统，AGP 8X 显卡仍旧在其上工作，但仅会以 AGP 4X 模式工作，无法发挥 AGP 8X 的优势。

1.3 指令系统及汇编语言程序设计(教材第 3 章)学习辅导

1.3.1 知识点梳理

指令系统及汇编语言程序设计知识结构如图 1.3.1 所示。

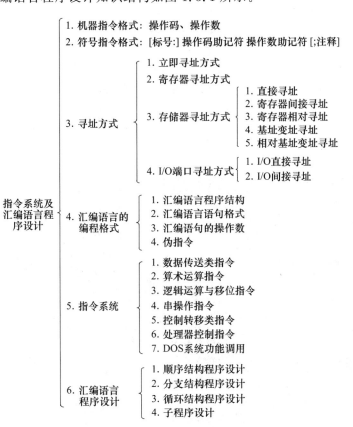

图 1.3.1 指令系统及汇编语言程序设计知识结构

重点:寻址方式,伪指令,指令系统。

难点:指令系统。

1.3.2 典型案例

例1 完成多字节 BCD 数的相加,即求 44332211H＋88776655H 的结果,并将单字节加法写成过程,在 MASM 集成实验环境下的程序清单如下。

多字节 BCD 数
的计算

```
DATAS    SEGMENT              ;定义数据段
FIRST    DB     11H,22H,33H,44H    ;第一个加数
SECOND   DB     55H,66H,77H,88H    ;第二个加数
SUM      DB     5 DUP(?)          ;存放结果单元
DATAS    ENDS


CODES    SEGMENT              ;定义代码段
         ASSUME  CS:CODES,DS:DATAS,ES:DATAS
MAIN     PROC   FAR
START:   MOV    AX,DATAS          ;装入数据段寄存器的实际值
         MOV    DS,AX
         MOV    ES,AX
         MOV    SI,OFFSET  FIRST   ;SI 指向第一个加数
         MOV    DI,OFFSET  SUM     ;DI 指向结果单元
         MOV    BX,OFFSET  SECOND  ;BX 指向第二个加数
         MOV    CX,04             ;共 4 个字节数
         CLD                      ;清方向标志
         CLC                      ;清进位标志
ADITI:   CALL   AAA1              ;调用单字节加法子程序
         LOOP   ADITI
         MOV    AL,0
         ADC    AL,AL
         STOSB
         MOV    AH,4CH            ;返回操作系统
         INT    21H
MAIN     ENDP                     ;主程序结束


AAA1     PROC   NEAR              ;单字节加法子程序
         LODSB                    ;取第一个加数
         ADC    AL,[BX]           ;相加
         DAA                      ;十进制调整
         STOSB                    ;结果送 DI 所指单元
         INC    BX                ;修改指针
         RET                      ;返回
AAA1     ENDP                     ;子程序结束
CODES    ENDS                     ;程序段结束
         END    START            ;程序结束
```

题目要求计算多字节 BCD 数的求和结果,不仅要考虑使用 DAA 指令进行 BCD 数的调整,还要考虑低位向高位的进位,因此需要使用 ADC 指令将进位标志一并加入运算。利用 MASM 集成实验环境(相关介绍请参考第 2 章内容)查看计算结果,如图 1.3.2 中方框中的内容所示,从高到低为 0133108866H。

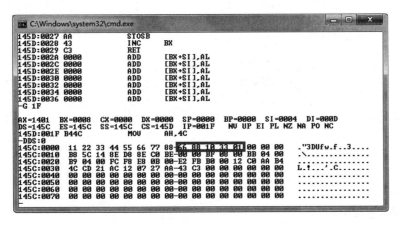

图 1.3.2　多字节 BCD 数的计算结果

在 Proteus 仿真环境下(相关介绍请参考第 2 章内容)的代码与上类似,但稍有不同。不同点包括:所有数据段的内容被放到了代码段的后面,以及在代码段的最后使用语句"ENDLESS: JMP ENDLESS"使程序停止运行。程序清单如下所示。

```
CODE    SEGMENT PUBLIC 'CODE'
        ASSUME CS:CODE,DS:DATAS,ES:DATAS


START:
        ; Write your code here
MAIN    PROC    FAR
        MOV     AX,DATAS         ;装入数据段寄存器的实际值
        MOV     DS,AX
        MOV     ES,AX


        MOV     SI,OFFSET  FIRST    ;SI 指向第一个加数
        MOV     DI,OFFSET  SUM      ;DI 指向结果单元
        MOV     BX,OFFSET  SECOND   ;BX 指向第二个加数


        MOV     CX,04            ;共 4 个字节数
        CLD                      ;清方向标志
        CLC                      ;清进位标志
ADITI:  CALL    AAA1             ;调用单字节加法子程序
        LOOP    ADITI
        MOV     AL,0
        ADC     AL,AL
        STOSB
ENDLESS:
```

```
        JMP  ENDLESS                    ;使程序停止
MAIN   ENDP                            ;主程序结束


AAA1   PROC  NEAR                      ;单字节加法子程序
       LODSB                           ;取第一个加数
       ADC    AL,[BX]                  ;相加
       DAA                             ;十进制调整
       STOSB                           ;结果送 DI 所指单元
       INC    BX                       ;修改指针
       RET                             ;返回
AAA1   ENDP                            ;子程序结束


CODE   ENDS


DATAS SEGMENT
    ;此处输入数据段代码
    FIRST    DB  11H,22H,33H,44H       ;第一个加数
    SECOND   DB  55H,66H,77H,88H       ;第二个加数
    SUM      DB  5 DUP(?)              ;存放结果单元
DATAS ENDS


    END START
```

在 Proteus 仿真环境下创建基于 8086 的工程文件后,需要设置 CPU 的 Internal Memory Size 属性值为 0x10000。在 Source Code 标签页中输入上述代码后,利用 Build 菜单中的 Build Project 命令检查代码是否存在错误,并进行调试。运行结果如图 1.3.3 中方框中的内容所示。

Proteus 仿真环境下多字节 BCD 数的计算

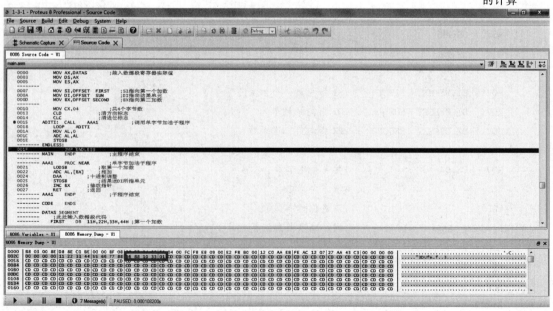

图 1.3.3　Proteus 仿真环境下多字节 BCD 数的计算结果

例 2　编写汇编程序,在屏幕上依次显示"1A 2B 3C"8 个字符。在 MASM 集成实验环境下的程序清单如下。

```
DATAS   SEGMENT
        STR   DB    '1A 2B 3C'
DATAS   ENDS
CODES   SEGMENT
        ASSUME   CS:CODES,DS:DATAS
START: MOV   AX,DATAS
        MOV   DS,AX              ;初始化相关段寄存器
        LEA   BX,STR             ;显示字符串第一个字符在内存中的偏移地址
        MOV   CX,8               ;循环次数,即要显示的字符数送 CX
LPP:   MOV   AH,2                ;功能号 2 送 AH
        MOV   DL,[BX]            ;取一个要显示的字符送 DL 寄存器
        INC   BX                 ;修改指针,指向下一个字符
        INT   21H                ;调用 21H 中断,在 CRT 上显示字符
        LOOP LPP
        MOV   AH,4CH             ;返回 DOS
        INT   21H
CODES   ENDS
        END   START
```

在 MASM 调试环境下遇到 DOS 功能调用时,应避免使用单步执行命令 T 进行跟踪。单步执行 DOS 功能调用会改变当前寄存器的值,从而使得程序无法控制,出现图 1.3.4 所示的情况。

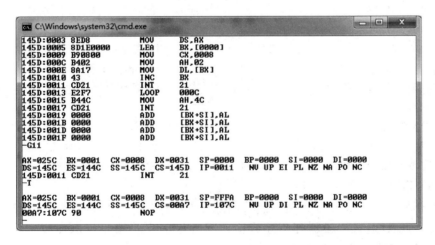

图 1.3.4　DOS 功能调用单步执行的结果

因此,在 MASM 调试环境下,遇到 DOS 功能调用时,可以通过连续执行命令 G 避免程序无法控制,从而得到正确的调试结果,如图 1.3.5 所示。

例 3　在屏幕上显示字符串"Example of string display!"的程序清单如下。

DOS 功能调用
的连续执行

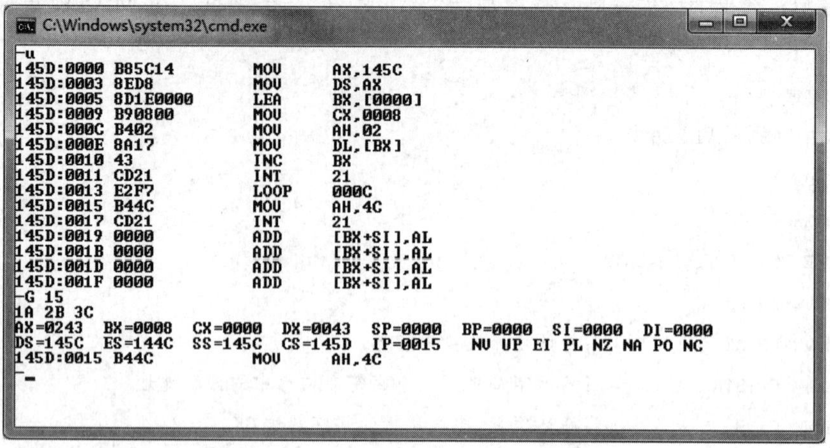

图 1.3.5 DOS 功能调用连续执行的结果

```
DATA    SEGMENT
    STR DB    0DH,0AH,'Example of string display! $'    ;定义显示字符串,0DH 回车、0AH 换行
DATA    ENDS
STACK   SEGMENT PARA STACK 'STACK'                       ;定义堆栈段
        DB  100 DUP(0)
STACK   ENDS
CODE    SEGMENT
        ASSUME  DS:DATA,CS:CODE,SS:STACK
BEGIN:  MOV  AX,DATA
        MOV  DS,AX
        MOV  AX,STACK
        MOV  SS,AX
        LEA  DX,STR                                      ;要显示字符串的首地址送 DX
        MOV  AH,9                                        ;字符串显示功能号 9 送 AH 寄存器
        INT  21H                                         ;在 CRT 上显示字符串
        MOV  AH,4CH                                      ;返回 DOS
        INT  21H
CODE    ENDS
        END  BEGIN
```

例 4 完成从键盘上输入一字符串到输入缓冲区,然后将输入的字符串在显示器上以相反的顺序显示的程序。

① 解题思路:先按 0AH 号、9 号功能要求定义输入输出缓冲区,调用 0AH 号功能输入字符串到缓冲区 BUFA,通过一段循环程序将输入缓冲区的字符按相反顺序传送到输出缓冲区 BUFB 中,再通过调用 9 号系统功能显示输出。

② 程序清单如下。

```
DATA    SEGMENT
    INFO1 DB    0DH,0AH,'INPUT STRING:$'                 ;输入字符串开始提示信息
    INFO2 DB    0DH,0AH,'OUTPUT STRING:$'                ;输出开始提示信息
    BUFA  DB    81                                       ;定义输入缓冲区长度
```

```
              DB   ?                                    ;预留一字节存放实际输入字符串长度
              DB   80 DUP(0)                            ;定义存放输入字符串缓冲区
      BUFB    DB   81 DUP(0)                            ;定义输出字符串缓冲区
DATA    ENDS
STACK   SEGMENT PARA STACK 'STACK'                      ;定义堆栈段
        DB   200 DUP(0)
STACK   ENDS
CODE    SEGMENT
      ASSUME DS：DATA，SS：STACK，CS：CODE
START：  MOV   AX,DATA
        MOV   DS,AX
        MOV   AX,STACK
        MOV   SS,AX
        LEA   DX,INFO1
        MOV   AH,9
        INT   21H                                       ;9号功能调用,显示输入提示信息
        LEA   DX,BUFA                                   ;输入字符串缓冲区首地址送DX
        MOV   AH,10                                      ;0AH号功能调用,功能号送AH寄存器
        INT   21H                                       ;等待键盘输入字符串到缓冲区BUFA,以回车符结束
        LEA   SI,BUFA＋1
        MOV   CH,0
        MOV   CL,[SI]                                    ;取字符长度→CX
        ADD   SI,CX                                      ;SI为源数据指针,指向字符串尾部
        LEA   DI,BUFB                                    ;DI为目的数据指针,指向输出字符串缓冲区首地址BUFB
NEXT：   MOV   AL,[SI]
        MOV   [DI],AL
        DEC   SI
        INC   DI
        LOOP  NEXT                                       ;该循环按相反顺序将字符串存放到输出缓冲区
        MOV   BYTE PTR [DI],'$'                          ;在输出缓冲区尾部加字符串结束符"$"
        LEA   DX,INFO2
        MOV   AH,9
        INT   21H                                        ;9号功能调用,显示输出提示信息
        LEA   DX,BUFB
        MOV   AH,9
        INT   21H                                        ;9号功能调用,反向显示输入字符串
        MOV   AH,4CH                                     ;返回DOS
        INT   21H
CODE    ENDS
        END   START
```

1.3.3　习题解答

1. 请解释名词:操作码、操作数、立即数、寄存器操作数、存储器操作数。

答:操作码用于说明指令操作的性质与所完成的功能。操作数给出参与运算的操作数本身、

操作数所在寄存器或操作数在存储器中的地址,运算结果放至何处,或者给出下一条执行指令的地址信息。指令操作码后面的字节就是操作数本身,称为立即数。寄存器操作数是指操作数存放在 CPU 内部的寄存器中。存储器操作数是指操作数存放在某个逻辑段的存储单元中。

2.什么叫寻址方式? 8086 指令系统有哪几种寻址方式?

答:寻址方式是用于说明指令中如何提供操作数或操作数存放地址的方法。8086 指令系统的寻址方式包括:立即寻址、寄存器寻址、存储器寻址(直接寻址、寄存器间接寻址、寄存器相对寻址、基址变址寻址、相对基址变址寻址)、I/O 端口寻址。

3. 指出下列指令中操作数的寻址方式。

① MOV　SI,　200
② MOV　AL,　[2000H]
③ MOV　CX,　DATA[SI]
④ ADD　AX,　[BX+DI]
⑤ AND　AX,　BX
⑥ MOV　[SI],　AX
⑦ MOV　AX,　DATA[BP+SI]
⑧ PUSHF
⑨ MOV　AX,　ES:[BX]
⑩ JMP　FAR　PTR PROCS_1

答:寻址方式如下所示。

① MOV　SI,　200　　　　　　　　　;立即寻址
② MOV　AL,　[2000H]　　　　　　　;直接寻址
③ MOV　CX,　DATA[SI]　　　　　　;寄存器相对寻址
④ ADD　AX,　[BX+DI]　　　　　　　;基址变址寻址
⑤ AND　AX,　BX　　　　　　　　　;寄存器寻址
⑥ MOV　[SI],　AX　　　　　　　　　;寄存器寻址
⑦ MOV　AX,　DATA[BP+SI]　　　　;相对基址变址寻址
⑧ PUSHF　　　　　　　　　　　　　;隐含寻址
⑨ MOV　AX,　ES:[BX]　　　　　　　;寄存器间接寻址
⑩ JMP　FAR　PTR PROCS_1　　　　;段间直接转移

4. 设 DS=1000H,ES=2000H,BX=2865H,SI=0120H,偏移量 D=47A8H,试说明下列各指令中源操作数所在位置,若有物理地址,请计算出其物理地址值。

① MOV　AL,D
② MOV　AX,BX
③ MOV　AL,[BX+D]
④ MOV　AL,[BX+SI+D]
⑤ MOV　[BX+5],AX
⑥ INC　BYTE PTR[SI+3]
⑦ MOV　DL,ES:[BX+SI]
⑧ MOV　AX,2010H
⑨ MOV　AX,DS:[2010H]

答:源操作数所在位置及其可能的物理地址如下所示。

① MOV　AL,D　　　　　　　　　　;指令中
② MOV　AX,BX　　　　　　　　　　;寄存器
③ MOV　AL,[BX+D]　　　　　　　;存储器,1700DH
④ MOV　AL,[BX+SI+D]　　　　　;存储器,1712DH
⑤ MOV　[BX+5],AX　　　　　　　;寄存器
⑥ INC　　BYTE PTR[SI+3]　　　;存储器,10123H
⑦ MOV　DL,ES:[BX+SI]　　　　;存储器,22985H
⑧ MOV　AX,2010H　　　　　　　　;指令中
⑨ MOV　AX,DS:[2010H]　　　　　;存储器,12010H

5. 现有 DS=2000H,BX=0100H,SI=0002H,20100H=12H,20101H=34H,20102H= 56H,20103H=78H,21200H=2AH,21201H=4CH,21202H=B7H,21203H=65H,试说明执行下列指令后,AX 寄存器中的内容。

① MOV　AX,1200H
② MOV　AX,BX
③ MOV　AX,[1200H]
④ MOV　AX,[BX]
⑤ MOV　AX,1100H[BX]
⑥ MOV　AX,[BX+SI]
⑦ MOV　AX,[1100H+BX+SI]

答:AX 寄存器中的内容如下所示。

① MOV　AX,1200H　　　　　　　　;AX=1200H
② MOV　AX,BX　　　　　　　　　　;AX=0100H
③ MOV　AX,[1200H]　　　　　　　;AX=4C2AH
④ MOV　AX,[BX]　　　　　　　　　;AX=3412H
⑤ MOV　AX,1100H[BX]　　　　　　;AX=4C2AH
⑥ MOV　AX,[BX+SI]　　　　　　　;AX=7856H
⑦ MOV　AX,[1100H+BX+SI]　　　　;AX=65B7H

6. 已知 AX=75A4H,CF=1,分别写出执行下列指令后 AX、CF、SF、ZF、OF 的值。

① ADD　AX,08FFH
② INC　　AX
③ SUB　AX,4455H
④ AND　AX,0FFFH
⑤ OR　　AX,0101H
⑥ SAR　AX,1
⑦ ROR　AX,1
⑧ ADC　AX,5

答:各条指令执行后,AX 的值和在 DEBUG 环境下采用符号表示的各标志的值如下。

① ADD　　AX,08FFH

AX=7EA3H,各标志的值依次为 NC、PL、NZ、NV。

② INC   AX

AX＝75A4H,各标志的值依次为 CY、PL、NZ、NV。

③ SUB   AX,4455H

AX＝314FH,各标志的值依次为 NC、PL、NZ、NV。

④ AND   AX,0FFFH

AX＝05A4H,各标志的值依次为 NC、PL、NZ、NV。

⑤ OR   AX,0101H

AX＝75A5H,各标志的值依次为 NC、PL、NZ、NV。

⑥ SAR   AX,1

AX＝3AD2H,各标志的值依次为 NC、PL、NZ、NV。

⑦ ROR   AX,1

AX＝3AD2H,各标志的值依次为 NC、PL、NZ、NV。

⑧ ADC   AX,5

AX＝75AAH,各标志的值依次为 NC、PL、NZ、NV。

7. 设 AL＝20H,BL＝10H,当执行"CMP AL,BL"后,问:

① 若 AL、BL 中的内容是两个无符号数,比较结果如何? 影响哪几个标志位?

② 若 AL、BL 中的内容是两个有符号数,结果又如何? 影响哪几个标志位?

答:AL 和 BL 中的内容看作两个无符号数或有符号数,CMP 指令均执行 AL－BL 运算。比较后的标志位结果均为 NC,PL,NZ,NV,区别在于,若为无符号数,则 PL 无意义。

8. 已知 AX＝2040H,DX＝380H,端口(PORT)＝(80H)＝1FH,(PORT＋1)＝45H,执行下列指令后,结果是什么?

① OUT   DX,AL

② OUT   DX,AX

③ IN   AL,PORT

④ IN   AX,80H

答:各条指令执行后的结果如下。

① OUT   DX,AL   ;(PORT)＝(80H)＝40H

② OUT   DX,AX   ;(PORT)＝(80H)＝40H,(PORT＋1)＝20H

③ IN   AL,PORT   ;AL＝1FH

④ IN   AX,80H   ;AX＝451FH

9. 假设下列程序执行前 SS＝8000H,SP＝2000H,AX＝7A6CH,DX＝3158H。执行下列程序段,画出每条指令执行后,寄存器 AX、BX、CX、DX 的内容和堆栈存储的内容的变化情况,执行完毕后,SP＝?

① PUSH AX

② PUSH DX

③ POP   BX

④ POP   CX

答:结果如下所示。

① PUSH   AX

PUSH AX 执行前后的对比如图 1.3.6 所示。

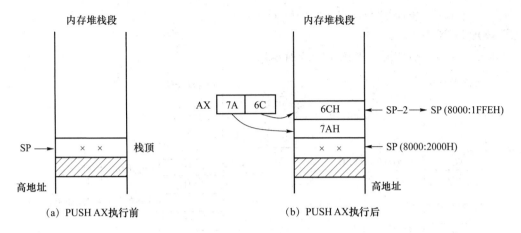

图 1.3.6 PUSH AX 执行前后的对比

AX＝7A6CH,SP＝1FFEH,(SP)＝7A6CH。

② PUSH　DX

PUSH DX 执行前后的对比如图 1.3.7 所示。

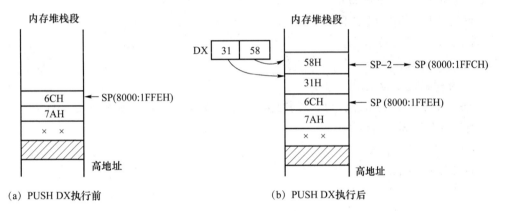

图 1.3.7 PUSH DX 执行前后的对比

DX＝3158H,SP＝1FFCH,(SP)＝3158H。

③ POP　BX

POP BX 执行前后的对比如图 1.3.8 所示。

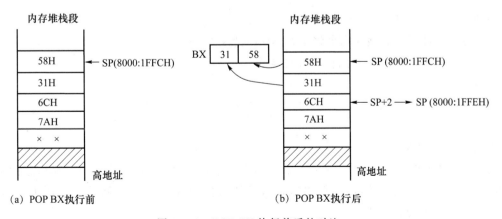

图 1.3.8 POP BX 执行前后的对比

BX=3158H,SP=1FFEH,(SP)=7A6CH。

④ POP　CX

POP CX 执行前后的对比如图 1.3.9 所示。

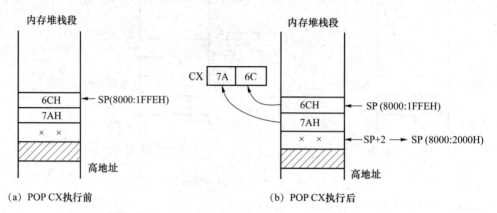

图 1.3.9　POP CX 执行前后的对比

CX=7A6CH,SP=2000H。

10. 编程序段分别完成如下功能。

① AX 寄存器低 4 位清零。

② BX 寄存器低 4 位置"1"。

③ CX 寄存器低 4 位变反。

④ 测试 DL 寄存器位 3、位 6 是否同时为 0,若是,将 0 送 DL,否则将 1 送 DH。

答:程序段分别如下所示。

① AND AX,0FFF0H

② OR BX,000FH

③ XOR CX,000FH

④ TEST　　DL,01001000

　　JZ　　　NEXT

　　MOV　　DH,1

　　JMP　　DONE

NEXT：　　MOV DL,0

DONE：　　HLT

11. 写出 3 种不同类型的指令将寄存器 BX 清零。

答:这里给出如下 4 种,写出任意 3 种均可。

① MOV　　BX,0

② XOR　　BX,BX

③ AND　　BX,0

④ SUB　　BX,BX

12. 已知从 DS:2200H、ES:3200H 单元起分别存放 20 个 ASCII 的字符。找出这两个字符串中第一个不同字符的位置(段内偏移地址),并放入从 DS:22A0H 开始的连续两个字单元中。请设计完成此任务的程序段。

① 使用通常用的比较指令(CMP)实现。

② 使用数据串比较指令(CMPSB)实现。

答:两种情况分别如下所示。

① 用比较指令 CMP 实现:

```
        MOV     SI,2200H
        MOV     DI,3200H
        MOV     CX,20
AGAIN:MOV     AL,[SI]
        CMP     AL,ES:[DI]
        JNZ     FIND
        INC     SI
        INC     DI
        LOOP    AGAIN
        JMP     EXIT
FIND:MOV     [22A0H],SI
        MOV     [22A2H],DI
EXIT:HLT
```

② 用数据串比较指令 CMPSB 实现:

```
        MOV     SI,2200H
        MOV     DI,3200H
        MOV     CX,20
        REPZ    CMPSB
        JZ      NEXT
        DEC     SI
        DEC     DI
        MOV     [22A0H],SI
        MOV     [22A2H],DI
NEXT:HLT
```

13. 读下面的程序段,请问在什么情况下,本段程序的执行结果是 AH=0?

```
BEGIN:  IN      AL,5FH
        TEST    AL,80H
        JZ      BRCH1
        MOV     AH,0
        JMP     STOP
BRCH1:  MOV     AH,0FFH
STOP:   HLT
```

答:从端口 5FH 读入的数据大于等于 80H。

14.阅读程序并回答问题:

```
START:IN    AL,20H
      MOV   BL,AL
      IN    AL,30H
      MOV   CL,AL
      MOV   AX,0
```

```
        MOV   CH,AL
L1：    ADD   AL,BL
        ADC   AH,0
        LOOP  L1
        HLT
```

问：①本程序实现什么功能？②结果在哪里？③用乘法指令"MUL BL"编程并使结果不变（假设20H、30H 端口输入的数据均为无符号数）。

答：①本程序实现的功能：从端口 20H 输入的数值加 CL 遍，CL 的值从端口 30H 输入。

② 结果在 AX 中。

③ 程序如下所示。

```
START：
        IN    AL,20H
        MOV   BL,AL
        IN    AL,30H
        MUL   BL
HLT
```

15. 读程序段，回答问题。

```
MOV   AL,05H
XOR   AH,AH
ADD   AX,AX
MOV   BX,AX
MOV   CX,2
SHL   BX,CL
ADD   AX,BX
```

该程序段的功能是什么？执行程序段后 AX=？是否可用更简单的程序段完成此功能？请写出这段程序。

答：该程序段的功能是计算 $5+5+(5+5)\times4$。执行后，AX=0032H。

更简单的程序段如下所示。

```
        MOV   AX,5
        MOV   CX,9      ;设置循环次数
        CLC             ;清除进位标志
NT：    ADC   AX,5      ;带进位加5,共循环9次
        LOOP  NT
```

16. 阅读下列程序：

```
        MOV   CX,100
NEXT:MOV   AL,[SI]
        MOV   ES:[DI],AL
        INC   SI
        INC   DI
        LOOP  NEXT
```

写出用串指令完成上述功能的程序段。

答：该程序的功能为将 SI 为源址的 100 字节传送到 ES 段基址 DI 为偏移地址的内存单元中。使用串指令完成上述功能，如下所示。

```
MOV    CX,100
CLD
REP    MOVSB
```

17. 假设寄存器 AX＝1234H,DX＝0A000H,阅读下列程序段:

```
MOV    BX,0
MOV    CX,BX
SUB    CX,AX
SBB    BX,DX
MOV    AX,CX
MOV    DX,BX
```

执行上述程序后 AX＝? DX＝? 程序的功能是什么?

答:AX＝0EDCCH,DX＝5FFFH。程序的功能是计算表达式 0－0A0001234H 的值,结果的高 16 位存到 DX,低 16 位存到 AX。

18. 比较 AX、BX、CX 中带符号数的大小,将最大的数放在 AX 中,请编写汇编源程序。

答:汇编源程序如下所示。

```
        CMP    AX,BX
        JGE    NEXT
        MOV    AX,BX
NEXT:   CMP    AX,CX
        JGE    NEXT1
        MOV    AX,CX
NEXT1:  HLT
```

19. 编写汇编源程序,在数据区从 0000H:2000H 开始的 100 字节范围内,查找字符 A,若找到,则将偏移地址送入 DX,若没有找到,则结束。

答:汇编源程序如下所示。

```
        MOV    AX, 0000H
        MOV    ES, AX
        MOV    DI, 2000H
        MOV    AL,'A'
        MOV    CX, 100
        REPNE SCASB
        JNZ    EXIT
        DEC    DI
        MOV    DX, DI
EXIT:   HLT
```

20. 什么叫汇编? 汇编程序的功能有哪些?

答:用汇编语言编写的程序称为源程序,源程序经汇编程序翻译后所得的机器指令代码称为机器语言目标程序,简称目标程序。通常称这样的翻译过程为汇编过程,简称汇编。

汇编语言用英文字母缩写表示的助记符来表示指令操作码和操作数,也可以用标号和符号来代替地址、常量和变量。由于不同 CPU 指令系统的指令编码不同,因此与之相应的汇编语言也不相同。用汇编语言编写的程序不能由机器直接执行,必须通过具有“翻译”功能的系统程序——汇编程序(Assembler)——将这种符号化的汇编语言转换成相应的机器代码,再通过连接程序得到可执行文件。

21．汇编程序和汇编源程序有什么差别？两者的作用是什么？

答：汇编源程序是用汇编语言编写的程序，无法直接在机器上执行。汇编程序是将符号化的汇编源程序翻译成相应的机器代码，使其可以在机器上执行。

汇编源程序采用助记符表示指令操作码，采用标识符表示指令操作数，直接控制计算机硬件，比完成同样功能的高级语言代码序列短、运行速度快。汇编程序的作用是翻译汇编源程序。

22．一个汇编源程序应该由哪些逻辑段组成？各段如何定义？各段的作用和使用注意事项是什么？

答：一个汇编源程序可包含若干个代码段、数据段、堆栈段或附加段，段与段之间的顺序可随意排列。能独立运行的程序至少包含一个代码段，所有指令语句必须位于某一个代码段内，伪指令语句和宏指令语句可根据需要位于任意一个段内。

段定义由伪指令 SEGMENT 和 ENDS 实现，同时需要伪指令 ASSUME 说明该逻辑段的类型。

代码段用于编写所有指令性语句和部分伪指令语句。数据段用于定义存放的全局变量。堆栈段在程序运行时动态分配使用，只需要通过栈顶指针即可访问。附加段主要用在字符串的操作上，由于在用一些串操作指令的时候，默认的目的串的段地址存放在 ES 中，因此必须设置 ES。

23．语句标号和变量应具备的 3 种属性是什么？各属性的作用是什么？

答：标号和变量一经定义，都具有 3 种基本属性：段地址、偏移地址和类型属性。

① 段地址属性：标号段地址属性是标号所在段的段基地址，当程序中引用一个标号时，该标号应在代码段中。变量段地址属性就是变量所在段的段基地址，变量一般在存储器的数据段或附加段中。

② 偏移地址属性：是标号或变量所在段的段首到定义该标号或变量的地址之间的字节数（即偏移地址），是一个 16 位无符号数。

③ 类型属性：标号的类型有 NEAR 和 FAR 两种。NEAR 称为近标号，只能在段内被引用，地址指针为 2 字节。FAR 称为远标号，可以在其他段被引用，地址指针为 4 字节。变量的类型可以是 BYTE(字节)、WORD(字)、DWORD(双字)、QWORD(四字)和 TBYTE(十字节)等，表示数据区中存取操作对象的大小。

24．指令性语句和指示性语句的本质区别是什么？

答：指令性语句在程序运行时由 CPU 执行，每条指令对应 CPU 的一种特定操作，如加法、减法、数据传送等。指示性语句与指令性语句类似但也有不同，也称伪指令，在汇编过程中由汇编程序执行，提供汇编所需的信息，如程序的开始和结束、数据区的定义及原始数据、存储区的分配等。另外，汇编后每条 CPU 指令都被汇编并产生一条相应的目标代码，而伪指令汇编后不产生相应的目标代码。

25．有数据段为：

```
DATA    SEGMENT
     ORG    200H
     TAB1 DB      16,-3,5,'ABCD'
     TAB2 DW      'XY',-2,0,0AH
     ARR1 DW      TAB1
```

```
ARR2 DD          TAB2
DATA   ENDS
```

汇编后,设数据段从 200H 开始的单元存放,请画出存放示意图。

答:存放示意图如图 1.3.10 所示。

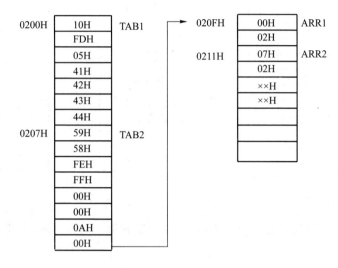

图 1.3.10 存放示意图

26. 已知数据段 DATA 从存储器实际地址 02000H 开始,作如下定义:

```
DATA SEGMENT
    VAR1 DB  2 DUP(0,1,?)
    VAR2 DW  50 DUP(?)
    VAR3 DB  10 DUP(0,1,2 DUP(4),5)
DATA ENDS
```

求出 3 个变量的 SEG、OFFSET、TYPE、LENGTH 和 SIZE 属性值。

答:变量各属性值如表 1.3.1 所示。

表 1.3.1 变量各属性值

变量	SEG	OFFSET	TYPE	LENGTH	SIZE
VAR1	0200H	0000H	0001H	0002H	2H
VAR2	0200H	0006H	0002H	0032H	0064H
VAR3	0200H	006AH	0001H	000AH	000AH

27. 已知数据区定义了下列语句,采用图示说明变量在内存单元的分配情况以及数据的预置情况。

```
DATA   SEGMENT
    A1  DB  20H,52H,2 DUP(0,?)
    A2  DB  2 DUP(2,3 DUP(1,2),0,8)
    A3  DB  'GOOD!'
    A4  DW  1020H,3050H
DATA   ENDS
```

答:数据分配及预置情况如图 1.3.11 所示。

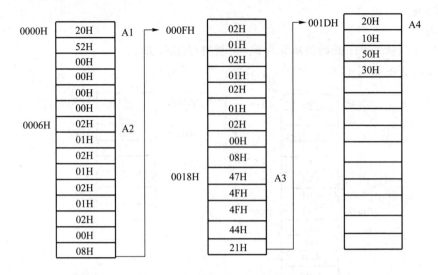

图 1.3.11 数据分配及预置情况

28. 已知 3 个变量的数据定义如下所示,分析给定的指令是否正确,有错误时加以改正。

```
DATA  SEGMENT
    VAR1   DB ?
    VAR2   DB 10
    VAR3   EQU 100
DATA   ENDS
```

① MOV   VAR1,AX

② MOV   VAR3,AX

③ MOV   BX,VAR1

   MOV   [BX],10

④ CMP   VAR1,VAR2

⑤ VAR3 EQU 20

答:① MOV   VAR1,AX

错,类型不一致。应改为"MOV VAR1,AL"。

② MOV   VAR3,AX

错,目的操作数不允许是立即数。应改为"MOV AX,VAR3"。

③ MOV   BX,VAR1

错,类型不一致。应改为"MOV BL,VAR1"。

MOV   [BX],10

对。

④ CMP   VAR1,VAR2

错,不能同时为存储器操作数。应改为:

```
MOV  AL,VAR1
CMP  AL,VAR2
```

⑤ VAR3 EQU 20

错,不能重新定义。应改为:

```
PURGE   VAR3
VAR3    EQU 20
```

29. 执行下列指令后,AX 寄存器中的内容是什么?

```
TABLE   DW   10,20,30,40,50
ENTRY   DW   3
```

```
MOV     BX, OFFSET  TABLE
ADD     BX, ENTRY
MOV     AX, [BX]
```

答:AX＝1E00H。

30. 略。

31. 在数据区中,从 TABLE 开始连续存放 0～6 的立方值(称为立方表),设任给一数 x ($0 \leqslant x \leqslant 6$),$x$ 在 TAB1 单元,查表求 x 的立方值,并把结果存入 TAB2 单元。

答:汇编代码如下所示。

```
DATAS SEGMENT
    TABLE    DB 0,1,8,27,64,125,216
    TAB1     DB 3
    TAB2     DB ?
DATAS ENDS
CODES SEGMENT
    ASSUME CS:CODES,DS:DATAS
START:
    MOV      AX,DATAS
    MOV      DS,AX
    LEA      BX,TABLE
    MOV      AL,TAB1
    XLAT
    MOV      TAB2,AL
    MOV      AH,4CH
    INT      21H
CODES ENDS
    END START
```

32. 略。

33. 编写程序,计算下面函数的值。

$$s = \begin{cases} 2x & (x < 0) \\ 3x & (0 \leqslant x \leqslant 10) \\ 4x & (x > 10) \end{cases}$$

答:汇编代码如下所示。

```
DATAS SEGMENT
    X    DB     -1
    S    DW     ?
```

```
        DATAS ENDS
        CODES SEGMENT
            ASSUME CS:CODES,DS:DATAS
        START:
            MOV  AX,DATAS
            MOV  DS,AX
            MOV  AL,X
            CMP  AL,0
            JGE  NEXT
            MOV  BL,2
            JMP  DONE
        NEXT:
            CMP  AL,10
            JG   NEXT0
            MOV  BL,3
            JMP  DONE
        NEXT0:
            MOV  BL,4
        DONE:
            IMUL BL
            MOV  S,AX
            MOV  AH,4CH
            INT  21H
        CODES ENDS
            END  START
```

34~35. 略。

36. 现有两个多字节压缩 BCD 数 9876543219H 和 1234567891H,它们分别按低位字节在前、高位字节在后的方式存放在变量 A1 和 A2 中,求它们的和与差,并将结果放在变量 SUM 和 DEF 中。

答:汇编代码如下所示。

```
        DATA  SEGMENT
            A1    DB 19H,32H,54H,76H,98H,00H
            A2    DB 91H,78H,56H,34H,12H,00H
            SUM   DB 6 DUP(?)
            DEF   DB 5 DUP(?)
        DATA  ENDS
        CODE  SEGMENT
            ASSUME CS:CODE,DS:DATA
        START:
            MOV   AX, DATA
            MOV   DS, AX
            LEA   BX, A1
```

```
        LEA    SI, A2
        LEA    DI, SUM
        MOV    CX, 6
        CLC
LOP1:
        MOV    AL, [BX]
        ADC    AL, [SI]
        DAA
        MOV    [DI], AL
        INC    BX
        INC    SI
        INC    DI
        LOOP   LOP1
        LEA    BX, A1
        LEA    SI, A2
        LEA    DI, DEF
        MOV    CX, 5
        CLC
LOP2:
        MOV    AL, [BX]
        SBB    AL, [SI]
        DAS
        MOV    [DI], AL
        INC    BX
        INC    SI
        INC    DI
        LOOP   LOP2
        MOV    AH, 4CH
        INT    21H
CODE  ENDS
        END START
```

37. 设变量 K 中存放了由 100 个有符号整数组成的字数组,编写汇编源程序,找出其中最大的一个,放到 AX 中。

答:汇编代码如下所示。

```
LEA BX,K
        MOV CX,5
        MOV AX,[BX]
        DEC CX
AGAIN: INC BX
        INC BX
        CMP AX,[BX]
        JGE NEXT
```

```
            MOV AX,[BX]
NEXT: LOOP AGAIN
```

38～39. 略。

40. 在数据段中有一个字节数组,编写汇编源程序,统计其中正数的个数,放入 A 单元,统计其中负数的个数,放入 B 单元。

答:汇编代码如下所示。

```
DATAS SEGMENT
    TABLE   DB    -1,25,60,100,-48
    ZHEN    DB    ?
    FU      DB    ?
DATAS ENDS
CODES SEGMENT
    ASSUME  CS:CODES,DS:DATAS
START:
    MOV     AX,DATAS
    MOV     DS,AX
    LEA     BX,TABLE
    XOR     DX,DX
    MOV     CX,5
AGAIN:
    MOV     AL,[BX]
    CMP     AL,0
    JG      A1
    JE      A2
    INC     DL
    JMP     A2
A1:INC      DH
A2:INC      BX
    LOOP    AGAIN
    MOV     ZHEN,DH
    MOV     FU,DL
    MOV     AH,4CH
    INT     21H
CODES ENDS
    END START
```

41. 略。

42. 编写汇编源程序,判断一个按键是不是回车键。若是,输出"Yes!",否则输出"No!"。

答:汇编代码如下所示。

```
DATAS SEGMENT
    STR1    DB  'YES! $'
    STR2    DB  'NO! $'
DATAS ENDS
```

```
CODES SEGMENT
    ASSUME  CS:CODES,DS:DATAS
START:
    MOV     AX,DATAS
    MOV     DS,AX
    MOV     AH,1
    INT     21H
    LEA     DX,STR1
    CMP     AL,0DH
    JZ      NEXT
    LEA     DX,STR2
NEXT:
    MOV     AH,9
    INT     21H
    MOV     AH,4CH
    INT     21H
CODES ENDS
    END START
```

43～45. 略。

1.3.4 拓展学习:指令、宏、嵌套、子程序及模块化

1. 指令

指令是一组二进制编码信息,它主要包括两个内容:告诉计算机进行什么操作;指出操作数或操作数地址。通常,一条指令执行一种操作,因而,要解一个数学题目,必须先按解题步骤把所需指令按顺序排好。例如,求"$6a+2b$"的值时,可以先安排进行 $6a$ 操作的指令,然后安排进行 $2b$ 操作的指令,再安排进行"$6a+2b$"操作的指令。这种按解题顺序编排好的、用一系列指令表示的计算步骤叫作程序。计算机执行一个解题程序时,便按顺序执行这些指令。如果需要改变指令的执行顺序,也由指令给出,改变顺序之前,有时要根据某些条件判断是否改变顺序,这些条件也要由指令规定。因而,可以说要让计算机能自动完成某项运算或数据处理任务,不仅需要计算机硬件的支持,还需要计算机软件(程序)的配合。一台计算机所能执行的各种不同指令的集合叫作计算机的指令系统。每台计算机均有自己特定的指令系统。指令系统反映了计算机的基本功能,是在设计计算机时规定好的。

在计算机中,指令都由二进制编码表示,包括两部分:操作码和操作数。所以,一条指令的基本格式如下:

操作码	操作数

整条指令以二进制编码的形式存放在存储器中,该二进制编码称为指令的机器代码(简称指令码)。在微型计算机中,一字节通常不能充分表示各种操作码和操作数,故有一字节指令、二字节指令和多字节指令。

早期的计算机直接采用机器码(也称机器语言)进行程序设计。由于机器码不便记忆和理解,编程非常困难和烦琐,且易出错。为此,人们采用指令助记符(Mnemonic,通常是指令功能的英文缩写)来代替指令机器码中的操作码,而用一些符号(Symbol)来代替操作数或操作数地址。例如,8086/8088 CPU 中指令"MOV AL,84H"表示把数 84H 传送到寄存器 AL 中;而指令"ADD AL,[3000H]"表示将地址号为 3000H 的内存单元的内容与 AL 的内容相加,结果送回AL 寄存器。用指令助记符代替指令机器码进行编程称为汇编语言编程。显然,这比机器语言编程方便许多,但必须要利用翻译程序(称为汇编程序)把助记符和操作数或操作数地址的符号翻译成机器码,计算机才能识别。

2. 宏指令、宏定义和宏调用

宏指令是源程序中具有独立功能的一段程序代码。它可以根据用户需要,由用户自己在源程序中定义。宏指令一经定义,便可在以后的程序中多次调用。宏定义由宏汇编程序(MASM)提供的伪指令实现,一般格式为:

```
宏指令名      MACRO    <形式参数>
              ……                    ;宏体
              ENDM
```

其中,MACRO 和 ENDM 均为伪指令,必须成对出现在源程序中,且必须以 MACRO 作为宏定义的开始,以 ENDM 作为宏定义的结尾。MACRO 和 ENDM 之间为宏体,是实现宏指令功能的语句序列。宏指令名(Macro Name)是为宏指令起的名字,以供在源程序中调用该宏指令时使用。形式参数(也称虚拟参数)的设置可根据需要而定,可有一个或多个(最多不超过 132 个),也可以没有。当有多个形式参数时,参数之间必须用逗号隔开。

宏调用的格式为:

```
宏指令名 <实际参数>
```

在源程序中像一般语句一样写上已定义的宏指令名就可以调用该宏指令了。若宏定义时有形式参数,则宏指令名后(即操作数项)写上实际参数,并和形式参数一一对应;若宏定义时该宏指令没有形式参数,则调用宏指令时也不用写实际参数。

具有宏调用的源程序被汇编时,每个宏调用将被汇编程序 MASM 宏展开。宏展开就是用宏定义时设计的宏体代替相应的宏指令名,并且用实际参数取代形式参数,以形成完成特定功能的程序代码。实际参数的个数应与形式参数的个数相等,且一一对应。若二者的个数不等,则将多余的形式参数做"空"处理,而对多余的实际参数自动丢弃。下面我们通过例子说明宏定义、宏调用及宏展开的方法。

例 1 写 4 个宏定义,分别是保护有关寄存器、取内存单元某数据送 AX、AX 内容左移 4 位、结果再存入内存单元。依据这 4 个宏定义写一段程序,将某变量指针 WVAR 指向的内存单元的内容送 AX 寄存器,左移 4 位后,再存入 WVAR 变量处。

```
PUSHREG  MACRO                ;一个无形式参数的宏定义 PUSHREG
         PUSH     AX
         PUSH     BX
         PUSH     CX
         PUSH     DX
         PUSH     SI
```

```
        PUSH    DI
        ENDM
LOADW   MACRO   PR,VAR      ;有2个形式参数,参数之间必须用逗号隔开
        MOV     PR,VAR      ;形式参数在操作数项中应用
        MOV     AX,[PR]
        ENDM
SHIFT   MACRO   N,REG,CC    ;有3个形式参数的宏定义 SHIFT
        MOV     CL,N        ;形式参数 N、REG 在操作数项中应用
        S&CC    REG,CL      ;形式参数 CC 作为操作码的一部分,其前须加分隔符"&"
                            ;且形式参数 CC 用实际参数代替时,形成的操作码须是指令系统中合法的
                            ; 助记符指令
        ENDM
SAVEW   MACRO   PR,REG,OPC  ;有3个形式参数的宏定义 SAVEW
        MOV     [PR],REG    ;形式参数 PR、REG 在操作数项中应用
        OPC     PR          ;形式参数 OPC 是操作码,实际参数应是指令助记符
        ENDM
```

采用宏调用方法编写的程序段如下:

```
LOADW   SI,WVAR
SHIFT   4,AX,AR
SAVEW   SI,AX,INC
...
```

宏展开时,汇编程序在所展开的指令前加"+",以便与其他指令区别。上述程序段宏展开后的目标代码如下:

```
+ MOV   SI,WVAR  ;宏 LOADW SI,WVAR 展开
+ MOV   AX,[SI]
+ MOV   CL,4     ;宏 SHIFT 4,AX,AR 展开
+ SAR   AX,CL
+ MOV   [SI],AX  ;宏 SAVEW SI,AX,INC 展开
+ INC   SI
...
```

又若需将变量 FIRST 的内容取入 BX,左移4位,则有如下程序段:

```
LOADW   DI,FIRST
MOV     BX,AX
SHIFT   4,BX,AL
SAVEW   DI,BX,INC
...
```

宏展开后程序段如下:

```
+ MOV   DI,FIRST ;宏 LOADW DI,FIRST 展开
+ MOV   AX,[DI]
MOV     BX,AX
+ MOV   CL,4     ;宏 SHIFT 4,BX,AL 展开
+ SAL   BX,CL
```

```
+ MOV    [DI],BX  ;宏 SAVEW DI,BX,INC 展开
+ INC    DI
...
```

3. 宏嵌套

宏定义中允许使用宏调用,但所用的宏指令必须先定义过。不仅如此,宏定义中还可以包含宏定义。

例 2　设计一个程序段,实现字节数 FIRST1 * FIRST2＋SECOND1 * SECOND2 运算,并将结果存储起来(不考虑最后结果溢出)。

宏定义:

```
MULTIPLY    MACRO     OPR1,OPR2,RESULT
            MOV       AL,OPR1
            IMUL      OPR2
            MOV       RESULT,AX
            ENDM
ADDMULT     MACRO     REG,VAR1,VAR2
            MULTIPLY  FIRST1,FIRST2,MULT1
            MULTIPLY  SECOND1,SECOND2,MULT2
            MOV       REG,VAR1
            ADD       REG,VAR2
            MOV       SUM,REG
            ENDM
```

可以看出,在 ADDMULT 宏定义中调用了两次定义过的宏指令 MULTIPLY。

若有宏调用:

```
ADDMULT     AX,MULT1,MULT2
```

则展开后的程序段如下:

```
MULTIPLY    FIRST1,FIRST2,MULT1
+ MOV       AL,FIRST1
+ IMUL      FIRST2
MOV         MULT1,AX
MULTIPLY    SECOND1,SECOND2,MULT2
+ MOV       AL,SECOND1
+ IMUL      SECOND2
+ MOV       MULT2,AX
ADDMULT     AX,MULT1,MULT2
+ MOV       AX,MULT1
+ ADD       AX,MULT2
+ MOV       SUM,AX
...
```

例 3　采用宏定义体内包含宏定义的方法设计一个运算宏指令。

宏定义:

```
DEFCALCU  MACRO   CALCULATION,OPERATOR
```

```
        CALCULATION   MACRO      X,Y,Z
                      PUSH       AX
                      MOV        AX,X
                      OPERATOR   AX,Y
                      MOV        Z,AX
                      POP        AX
                      ENDM

        ENDM
```

DEFCALCU 宏定义体内包含了一个宏定义 CALCULATION,并且,内层宏定义的宏指令名 CALCULATION 又是外层宏定义的形式参数。由于 CALCULATION 宏指令的定义包含在 DEFCALCU 宏指令的定义体内,要调用 CALCULATION 宏指令,必须先调用 DEFCALCU 宏指令,以便使 CALCULATION 宏指令先得到定义,即需按如下步骤进行。

宏调用:

```
DEFCALCU    ADDITION,ADD
```

宏展开:

```
+ ADDITION   MACRO      X,Y,Z
             PUSH       AX
             MOV        AX,X
             ADD        AX,Y
             MOV        Z,AX
             POP        AX
             ENDM
```

得到宏指令 ADDITION 的宏定义,这样便可有宏调用:

```
ADDITION    FIRST,SECOND,SUM
```

宏展开:

```
+ PUSH      AX
+ MOV       AX,FIRST
+ ADD       AX,SECOND
+ MOV       SUM,AX
+ POP       AX
```

对于宏指令 DEFCALCU 宏定义体中的形式参数 CALCULATION 及 OPERATIOR,用不同的实际参数取代,便会得到不同的运算宏指令,如下宏调用可形成减法的宏定义:

```
DEFCALCU    SUBTRACT,SUB
```

如下宏调用可形成逻辑与的宏定义:

```
DEFCALCU    LOGAND,AND
```

4. 宏指令和子程序

在汇编语言程序设计中,宏指令和子程序都给设计者提供了很大方便。它们都是可被程序多次调用的程序段,并且调用前必须由设计者自己根据需要按一定格式进行定义。然而,宏指令和子程序由于定义方法及格式不同,使用中还有许多不同之处。子程序由 CALL 指令调用,由 RET 指令返回,所以汇编后子程序的机器码只占有一个程序段,不管调用多少次均如此,较为节约内存。宏指令每调用一次宏展开时宏体都要占一个程序段,调用次数越多,占用内存越多,程序代码越长。因此,从内存空间开销来说,子程序优于宏指令。但从程序的执行时间来分析,每调用一次子程序都要保护和恢复返回地址及寄存器内容等,要消耗较多的时间。调用宏指令时不需要这个过程,执行时间较短。因此,从执行时间来分析,宏指令优于子程序。

综上所述,当某一需要多次访问的程序段较长,访问次数又不是太多时,选用子程序结构较好。当某一需要多次访问的程序段较短,访问次数又很多时,选用宏指令结构显然要更好。

5. 过程的嵌套、递归调用和可重入性

过程也可以作为调用程序去调用其他过程,称为过程的嵌套。一般来说,嵌套层次(也称嵌套深度)没有限制,只要堆栈空间允许即可。

子程序嵌套时调用的子程序就是该子程序本身称为子程序的递归调用。能够进行递归调用的子程序称为递归子程序(递归过程)。递归过程被递归调用时必须保证不破坏前面调用所用到的参数及产生的结果,否则不能求出最后结果。此外,递归过程还必须具有递归结束的条件,以便在递归调用一定次数后退出,否则递归调用将无限地嵌套下去。为了能在每次递归调用后保留该次所用到的参数和运行结果,并且不互相冲掉,必须对每次递归调用所用到的参数和运行结果专门分配一个存储区域。通常将一次递归调用所存储的信息称为帧(Frame)。一帧信息包括递归调用时的入口参数、出口参数、寄存器内容及返回地址等。解决递归调用每帧信息存储的最好方法是采用堆栈,每次递归调用时用 PUSH 指令将一帧信息压入堆栈,每次返回时再从堆栈中弹出一帧信息。

例 4 编写一个汇编语言程序,实现 $N!$ $(N \geqslant 0)$:$N! = N \cdot (N-1) \cdot (N-2) \cdots \cdot 1$。

解题思路 求 $N!$ 本身是一个子程序,由于 $N! = N \cdot (N-1)!$,求 $(N-1)!$ 必须调用求 $N!$ 的子程序,但每次调用的入口参数和中间结果都不一样,可见这是个递归调用过程。具体来说,每次调用时应将入口参数 N 减 1,以便求 $(N-1)!$。当 N 减为 0 时,有 $0! = 1$ 的结果,因而 $N=0$ 为递归调用的约束条件,控制退出递归调用的时间。最后,将每次递归调用的入口参数 N 相乘,即可得到最终结果。由于每次递归调用时,一帧信息是按次序逐个、逐层压入堆栈的,因此当 $N=0$ 退出递归调用开始返回时,便按嵌套的层次逐层返回,并逐层取出相应的一帧信息,进行乘法运算,得到最终结果后,便按堆栈中的内容返回主程序。计算 $N!$ 的程序框图如图 1.3.12 所示。程序清单如下:

```
DATA        SEGMENT                      ;定义数据段
    VAL-N   DW  N
    RESULT  DW  ?
DATA        ENDS
SSEG        SEGMENT  PARA STACK'STACK'    ;定义堆栈段
            DW 128 DUP(0)
    TOP     LABEL  WORD
SSEG        ENDS
CODE1       SEGMENT
    MAIN    PROC  FAR
        ASSUME    CS:CODE1, DS:DATA, SS:SSEG
```

```
START: MOV    AX, SSEG              ;设置 SS 及 SP
       MOV    SS, AX
       MOV    SP, OFFSET TOP
       PUSH   DS                    ;将 PSP 中 INT 20H 的首址压入堆栈
       SUB    AX, AX
       PUSH   AX
       MOV    AX, DATA
       MOV    DS, AX
       MOV    BX, OFFSET RESULT     ;将运算结果的地址压入栈
       PUSH   BX
       MOV    BX, VAL_N             ;将参数 N 压入栈
       PUSH   BX
       CALL   FAR PTR FACT          ;递归调用 FACT 子程序
       RET
MAIN   ENDP
FRAME  STRUC                        ;定义结构数据模式
       SAVE_BP      DW   ?
       SAVE_CS_IP   DW   2  DUP(?)
       N            DW   ?
       RESULT_ADDR  DW   ?
FACT   PROC   NEAR
       PUSH   BP                    ;存 BP
       MOV    BP, SP                ;BP 作为帧指针
       PUSH   BX                    ;保护寄存器内容
       PUSH   AX
       MOV    BX, RESULT_ADDR[BP]   ;结果地址送 BX
       MOV    AX, [BP + N]          ;取 N
       CMP    AX, 0                 ;N = 0?
       JE     DONE
       PUSH   BX                    ;下一次的结果地址入栈
       DEC    AX                    ;N - 1 压入栈
       PUSH   AX
       CALL   PTR FACT
       MOV    BX, RESULT_ADDR[BP]   ;结果地址送 BX
       MOV    AX, [BX]              ;上次的结果取入 AX
       MUL    [BP + N]              ;(AX) = N * RESULT
       JMP    SHORT RETURN
DONE:  MOV    AX, 1                 ;0! = 1
RETURN:MOV    [BX], AX              ;存最终结果
       POP    AX
```

```
            POP     BX
            POP     BP
            RET     4
    FACT    ENDP
    CODE1   ENDS
            END     START
```

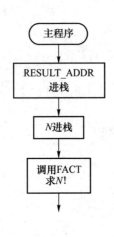

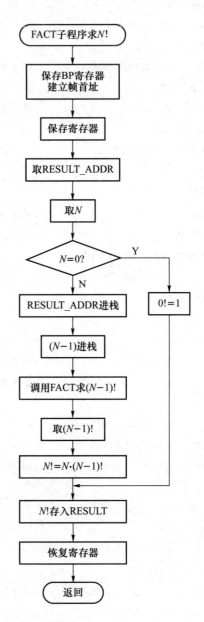

图 1.3.12　计算 $N!$ 的程序框图

　　图 1.3.13 给出了 $N=3$ 时该子程序递归调用中堆栈的变化状态,可以看出,每调用一次 FACT 递归子程序,就向堆栈中压入一帧信息,直到 $N=0$ 为止,并开始返回。返回时每推出一帧信息便计算一次中间结果,最后返回主程序,堆栈恢复原状,并在 RESULT 单元得到运算结果为 6。

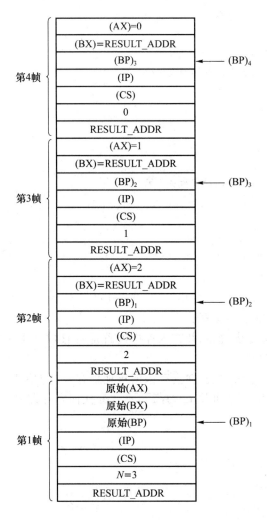

图 1.3.13 求 3! 时的堆栈状态

6. 常用子程序及程序设计举例

编制好常用子程序后应写出子程序说明文件,以利于其他程序调用。以下列举一些常用子程序,并给出说明文件。另外介绍了一些常见的汇编语言程序设计的实例,供读者参考。

例 5 两个多字二进制数加法子程序。

子程序说明文件如下所示。

- 子程序名:MW_ADD。
- 子程序功能:完成两个多字二进制数加法。
- 入口参数及其传送方法:数据段中的被加数、加数的首地址分别存放在 DS:SI 及 DS:DI 中;被加数或加数的字数在 CX 中。
- 出口参数及其传送方法:运算结果在内存中的首地址存放在 DS:BX 中。
- 所用寄存器:该子程序返回调用程序后,不改变任何寄存器原来的内容。

子程序清单如下:

```
MW_ADD  PROC  FAR      ;保护寄存器内容
        PUSH  AX
        CLC            ;CF = 0
```

```
REPEAT: MOV    AX,[SI]       ;取被加数的一个字
        INC    SI
        INC    SI
        ADC    AX,[DI]       ;加上加数的相应字位
        INC    DI
        INC    DI
        MOV    [BX],AX       ;将一个字位的和存放到内存中
        INC    BX
        INC    BX
        LOOP   REPEAT        ;循环执行字加法运算
        POP    AX
        RET
MW-ADD  ENDP
```

例 6 双字乘法子程序。

子程序说明文件如下所示。

- 子程序名:DWMULT。
- 功能:完成双字乘双字的运算。
- 入口参数及其传送方法:被乘数在内存中的首地址存放在 DS:SI 中;乘数在内存中的首地址存放在 DS:DI 中。
- 出口参数及其传送方法:乘积在内存中的首地址存放在 DS:DI 中。
- 所用寄存器:该子程序返回调用程序后,不改变任何寄存器原来的内容。

子程序清单如下:

```
DWMULT  PROC   FAR
        PUSH   AX
        PUSH   DX
        MOV    AX, [SI]             ;取低 16 位
        MUL    WORD PTR [DI]        ;低 16 位相乘运算
        MOV    [BX], AX             ;保存低 16 位乘积
        MOV    [BX + 2], DX
        MOV    AX, [SI + 2]         ;取高 16 位
        MUL    WORD PTR [DI]        ;高 16 位相乘运算
        MOV    [BX + 4], DX         ;高位字暂存
        ADD    [BX + 2], AX         ;低位字加到高位字存储单元
        ADC    [BX + 4], 0          ;向高位加进位
        MOV    AX, [SI]             ;取低 16 位
        MUL    WORD PTR [DI + 2]
        ADD    [BX + 2], AX
        ADC    [BX + 4], DX
        MOV    AX,[SI + 2]          ;取高 16 位
        MUL    WORD PTR [DI + 2]
        ADD    [BX + 4], AX
        ADC    [BX + 6], DX
        POP    DX
        POP    AX
        RET
DWMULT  ENDP
```

例 7　ASCII 码十进制数乘法子程序。

以一位 ASCII BCD 码乘多位 ASCII BCD 码为例,运算过程是:首先,将 ASCII BCD 码转换成非压缩型 BCD 码;然后,用一 BCD 乘数从最低位开始逐位乘被乘数,并用 AAM 指令修正,得到用非压缩型 BCD 码表示的乘积;最后,将非压缩型 BCD 码乘积转换为 ASCII BCD 码。子程序说明文件如下所示。

- 子程序名:ASCII-MULT。
- 功能:完成一位 ASCII BCD 码与多位 ASCII BCD 码的乘法运算。
- 入口参数及其传送方法:多位 ASCII BCD 码(被乘数)在内存中的首地址存放在 DS:SI 中(被乘数的存放次序为高位数的地址号低,低位数的地址号高);一位 ASCII BCD 码(乘数)在内存中的首地址存放在 DS:BX 中;被乘数的位数存放在 CX 中。
- 出口参数及其传送方法:乘积在内存中的首地址存放在 DS:DI 中;结果单元中应预置为 0。
- 所用的寄存器:该子程序返回调用程序后,不改变任何寄存器原来的内容。

子程序清单如下:

```
ASCII-MULT PROC  FAR
           PUSH  AX
           ADD   SI,CX          ;指向被乘数最低位
           DEC   SI
           ADD   DI,CX          ;指向结果单元最低位
           AND   [BX],0FH       ;乘数转换为非压缩型 BCD 码
NEXT:      MOV   AL,[SI]        ;取被乘数最低位
           AND   AL,0FH         ;转换为非压缩型 BCD 码
           MUL   BYTE PTR[BX]
           AAM
           ADD   AL,[DI]
           AAA
           ADD   AL,30H         ;转换为 ASCII BCD 码
           MOV   [DI],AL        ;存结果
           DEC   DI
           MOV   [DI],AH
           DEC   SI
           LOOP  NEXT
           POP   AX
           RET
ASCII-MULT ENDP
```

例 8　将用 ASCII 码形式表示的数转换成二进制数。ASCII 码存放在以 MASC 为首地址的内存单元中,转换结果存放在 MBIN 开始单元中。

解题思路　我们知道从键盘输入的数或在数据区中以字符形式定义的数都是以其对应的 ASCII 码形式存放的。对于十六进制数,0～9 的 ASCII 码分别是 30H～39H,对它们的转换减去 30H 就得到对应的二进制值,而 A～F 的 ASCII 码分别是 41H～46H,故要减去 37H,若取的数不在 0～FH 之间,则出错。

程序如下:

```
DSEG    SEGMENT
```

```
                MASC      DB    '3','8','B','6'        ;要转换的 ASCII 码
                MBIN      DB    2 DUP(?)               ;转换后存放结果单元
        DSEG    ENDS
        CSEG    SEGMENT
              ASSUME CS:CSEG, DS:DSEG
            START:   MOV    AX, DSEG
                     MOV    DS, AX
                     MOV    CL, 4                      ;循环次数送 CL
                     MOV    CH, CL                     ;保存循环次数
                     LEA    SI, MASC                   ;要转换的 ASCII 码单元首地址送 SI
                     CLD                               ;设地址增量方式
                     XOR    AX, AX                     ;存中间结果寄存器清零
                     XOR    DX, DX
            NEXT1:   LODSB                             ;取一个 ASCII 码到 AL
                     AND    AL, 7FH                    ;得到 7 位 ASCII 码
                     CMP    AL,'0'
                     JB     ERROR                      ;若 AL 小于 0 则转 ERROR
                     CMP    AL,'9'
                     JA     NEXT2                      ;若 AL 大于 9 则转 NEXT2
                     SUB    AL, 30H                    ;将 0～9 转换为对应的二进制数
                     JMP    SHORT NEXT3
            NEXT2:   CMP    AL,'A'
                     JB     ERROR                      ;若 AL 小于 A 则转 ERROR
                     CMP    AL,'F'
                     JA     ERROR                      ;若 AL 大于 F 则转 ERROR
                     SUB    AL, 37H                    ;将 A～F 转换为对应的二进制数
            NEXT3:   OR     DL, AL                     ;一个数的转换结果送 DL
                     ROR    DX, CL                     ;整个转换结果在 DX 中依次存放
            ERROR:   DEC    CH
                     JNZ    NEXT1                      ;没转换完则转 NEXT1
                     MOV    WORD PTR MBIN, DX          ;最后结果送 MBIN
                     MOV    AH, 4CH                    ;返回 DOS
                     INT    21H
        CSEG    ENDS
                END    START
```

例 9　从键盘上输入一字符串,并在内存中已有的一张表中查找该字符串,若找到则在屏幕上显示"OK!",否则显示"NO!",若输入字符串长度大于表中字符串长度,则显示"Wrong!"。

解题思路　首先判断输入字符串长度是否大于表中字符串长度,是则显示"Wrong!",否则进行比较。在表中先查找该字符串的第一个字符,若找到再比较字符串的其他字符是否一致。显示一字符串可用 9 号 DOS 系统功能调用,从键盘上输入一字符串可用 0AH 号 DOS 系统功能调用。

程序如下:

```
        DSEG    SEGMENT
                TABLE   DB    'SGFGGHYTBJDOWALAJQZV'    ;表字符串数据
                STRING1 DB    'Please enter a string:', 0DH,0AH,'$'   ;有关提示信息定义
                STRING2 DB    'Wrong! ', 0DH, 0AH, '$'
```

```
            STRING3 DB   'OK!','$'
            STRING4 DB   'NO!','$'
            BUFFER  DB   40,?,40 DUP(?)              ;键盘输入缓冲区
            TAB_LEN EQU  STRING1 - TABLE             ;表字符串长度
DSEG    ENDS
SSEG    SEGMENT
        DB   100 DUP(?)
SSEG    ENDS
CSEG    SEGMENT
        ASSUME  CS:CSEG, DS:DSEG, SS:SSEG
START:  MOV     AX, DSEG
        MOV     DS, AX
        MOV     ES, AX
        LEA     DX, STRING1                          ;显示"Please enter a string:"
        MOV     AH, 09H
        INT     21H
        LEA     DX, BUFFER                           ;键盘输入缓冲区首地址送 DX
        MOV     AH, 0AH
        INT     21H                                  ;等待和接收键盘输入
        MOV     SI, DX                               ;键盘输入缓冲区首地址送 SI
        INC     SI
        MOV     BL, [SI]                             ;输入串长度 BX
        MOV     BH, 0
        INC     SI                                   ;输入串首地址送 SI
        LEA     DI, TABLE                            ;表首地址送 DI
        MOV     CX, TAB_LEN                          ;表字符串长度送 CX
        CMP     CX, BX                               ;表长与串长比较
        JNC     GOON                                 ;表长大于串长则转 GOON
        LEA     DX, STRING2                          ;否则显示"Wrong!"
        JMP     EXIT
GOON:   CLD                                          ;设地址增量方式
        MOV     AL, [SI]
SCAN:   REPNZ   SCASB                                ;在表中搜第一个字符
        JZ      MATCH                                ;找到则转 MATCH
ERROR:  LEA     DX, STRING4                          ;没找到则显示"NO!"
        JMP     EXIT
MATCH:  INC     CX
        CMP     CX, BX                               ;剩余表长和串长比较
        JC      ERROR                                ;剩余表长不大于串长则显示"NO!"
        PUSH    CX                                   ;保存循环变量
        PUSH    SI
        PUSH    DI
        MOV     CX, BX
        DEC     DI
        REPZ    CMPSB                                ;比较串中其余字符
        POP     DI                                   ;恢复循环变量
```

63

```
         POP     SI
         POP     CX
         JZ      FOUND                  ;找到字符串则转 FOUND
         JCXZ    ERROR                  ;未找到字符串且全表搜完则转 ERROR
         JMP     SCAN                   ;全表未搜完则转 SCAN
FOUND:   DEC     DI                     ;找到字符串偏移地址送 DI
         LEA     DX, STRING3            ;显示"OK!"
EXIT:    MOV     AH, 09H
         INT     21H
         MOV     AH, 4CH               ;返回 DOS
         INT     21H
CSEG     ENDS
         END     START
```

例 10 在分辨率为 640×480、16 色的屏幕上绘制一个周期的正弦波。

解题思路 正弦波一个周期的角度值范围为 $0 \sim 360°$，函数值范围为 $-1 \sim 1$。要使曲线居于屏幕正中，须调整水平和垂直方向的坐标值。在给定 $0 \sim 90°$ 对应的函数值的情况下，绘制正弦波时须先知道角度所在的象限：在第一象限，函数值为正，此时可直接查表取函数值；在第二象限，函数值为正，可用 $\sin(X) = \sin(180 - X)$ 将角度转换到第一象限后再查表取函数值；在第三、四象限，函数值为负，先将 $X - 180$ 转换到第一象限或第二象限，再按前述处理。为简化程序设计，在绘图前先计算出曲线各点的坐标值并存入表格，在画图时只需访问这个表格即可。设正弦波图形范围为 360×400，表格 SINE 中为 $0 \sim 90°$ 对应的已放大 200 倍后取整的正弦值。

程序如下：

```
SETSCREEN    MACRO              ;设置屏幕分辨为 640×480、16 色图形方式
       MOV    AH,0
       MOV    AL,12H
       INT    10H
       ENDM

WRITEDOT     MACRO              ;画点宏定义
       MOV    AH,0CH
       MOV    AL,02H            ;像素颜色代码
       MOV    CX,ANGLE          ;像素点对应的列号送 CX
       ADD    CX,140            ;X 方向屏幕中心 =(640-360)/2
       MOV    DX,TEMP           ;像素点所在的行号送 DX
       INT    10H
       ENDM

DSEG     SEGMENT               ;定义坐标表格
SINE     DB    00,03,07,10,14,17,21,24,28,31,35,38,42,45,48,52,55,58,62,65
         DB    68,72,75,78,81,85,88,91,94,97,100,103,106,109,112,115,118,120
         DB    123,126,129,131,134,136,139,141,144,146,149,151,153,155,158,160
         DB    162,164,166,168,170,171,173,175,177,178,180,181,183,184,185,187
         DB    188,189,190,191,192,193,194,195,196,196,197,198,198,199,199,199
         DB    200,200,200,200
ANGLE    DW    0                ;定义角度变量,初值为 0
TEMP     DW    0                ;定义点的正弦函数值,初值为 0
DSEG     ENDS
```

```
SSEG    SEGMENT  PARA STACK 'STACK'
        DB   100 DUP(?)
SSEG    ENDS
CSEG    SEGMENT
    ASSUME  CS:CSEG, DS:DSEG, SS:SSEG
MAIN    PROC    FAR
START： PUSH    DS              ;保护参数
        PUSH    AX
        PUSH    BX
        MOV     AX, DSEG
        MOV     DS, AX
        MOV     AX, SSEG
        MOV     SS, AX
;查表确定正弦波函数值,逐点绘制正弦波
        SETSCREEN               ;屏幕置为 640×480 的彩色图形方式
AGAIN： LEA     BX, SINE        ;表的偏移地址送 BX
        MOV     AX, ANGLE       ;角度值送 AX
        CMP     AX, 180         ;AX 与 180 比较
        JLE     QUAD1           ;不大于则角度在第一或第二象限
        SUB     AX, 180         ;若大于则调整角度
QUAD1： CMP     AX, 90          ;AX 与 90 比较
        JLE     QUAD2           ;不大于则角度在第一象限
        NEG     AX              ;否则角度在第二象限
        ADD     AX, 180         ;调整角度为 180
QUAD2： ADD     BX, AX          ;形成查表偏移量
        MOV     AL, SINE[BX]    ;函数值送 AL
        PUSH    AX
        MOV     AH,0
        CMP     ANGLE, 180      ;角度与 180 比较
        JGE     BIGDIS          ;若大于则转 BIGDIS
        NEG     AL              ;否则在第一或第二象限
        SUB     AL, 240         ;调整显示点的纵坐标为 AL-240
        JMP     READY
BIGDIS： ADD    AX, 240         ;调整显示点的纵坐标为 AL+240
READY： MOV     TEMP, AX        ;保存到 TEMP
        POP     AX
        WRITEDOT                ;调用画点宏操作
        ADD     ANGLE, 1        ;角度值加 1
        CMP     ANGLE, 360      ;角度值与 360 比较
        JLE     AGAIN           ;不超过则继续画
        MOV     AH, 07          ;若有键按下则继续执行,否则等待按键输入
        INT     21H
        MOV     AH, 0           ;设置屏幕参数
        MOV     AL, 3           ;设置 80×25 彩色文本方式
        INT     10H
        POP     BX              ;恢复参数
```

```
            POP     AX
            POP     DS
            RET                     ;返回
    MAIN    ENDP
    CSEG    ENDS
            END     START
```

7. 模块化程序设计

多模块程序设计也称模块化程序设计。一个模块是由 END 语句作为结束的一个完整程序，各个源程序模块可单独汇编而产生相应的目标模块，由连接程序将各目标模块连接构成一个完整的可执行程序。

采用模块化程序设计方法时要注意合理划分模块，明确各模块的入口参数、出口参数及模块间的通信方式。

（1）多模块程序连接

连接程序在进行多模块程序连接时，是按 SEGMENT 语句中提供的组合类型和类别名进行连接的。下面举例说明多模块程序的连接。

某程序有两个模块，它们的结构如下。

模块 1：

```
    DSEG        SEGMENT COMMON
                DW 50 DUP(?)
    DSEG        ENDS
    CODE        SEGMENT PUBLIC
                ...
    CODE        ENDS
```

模块 2：

```
    DSEG        SEGMENT COMMON
                DW 40 DUP(?)
    DSEG        ENDS
    CODE        SEGMENT PUBLIC
                ...
    CODE        ENDS
```

连接后各模块所占内存情况如图 1.3.14 所示。两个数据段模块都为 COMMON 组合类型，连接后组合成一个互相覆盖的段，数据区长度取二者中的长者，即为 50 字。两个代码段模块都为 PUBLIC 组合类型，连接后组合成一个互不覆盖、相邻连接的段，连接顺序由连接程序确定，组合后形成的代码长度等于二者长度之和。本例中两个模块的数据段和代码段都没有给出类别名，这时，连接程序视它们为无类别名，并予以连接。当一个模块有类别名，另一个模块没有类别名时，不能连接成一个段。

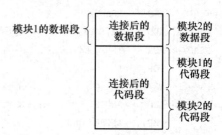

图 1.3.14 组合类型为 COMMON 和 PUBLIC 时的连接结果

（2）模块间标识符的交叉访问

模块间标识符的交叉访问是指一个模块引用在另一个模块中定义的标识符（如变量、标号等），因而一个源模块就有供本模块使用的局部标识符和可供本模块及其他模块共用的全局标识符(或称外部标识符)两种。MASM 为此提供了 PUBLIC 和 EXTRN 两条伪指令,关于 PUBLIC 及 EXTRN 两条伪指令见相关介绍。要注意的是,由 EXTRN 语句定义的标识符(全局变量)必须在其他模块的 PUBLIC 语句中声明,否则认为出错。另外,某模块的 PUBLIC 语句定义某变量为全局变量,但其他模块未用,即其他模块的 EXTRN 语句未定义,这是允许的。EXTRN 语句中提出的变量名及类型应与其他模块定义的一致。

关于模块化程序设计的步骤和应该遵循的一些原则,请读者参考软件工程相关的书籍。

1.4 存储器系统(教材第 4 章)学习辅导

1.4.1 知识点梳理

存储器系统知识结构如图 1.4.1 所示。

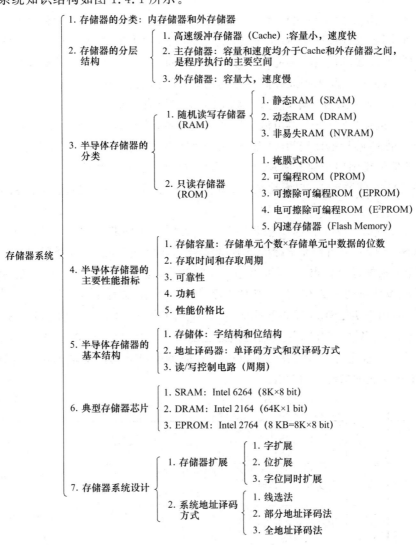

图 1.4.1 存储器系统知识结构

重点：典型存储器芯片，存储器系统设计。

难点：存储器系统设计。

1.4.2 习题解答

1. 分析半导体随机存储器和只读存储器的特点和分类。静态存储器和动态存储器的最大区别是什么？它们各有什么优缺点？

答：RAM 的特点是可以随机读写，掉电后内容消失。ROM 的特点是工作时只能读出，不能写入，掉电后存储内容不丢失。RAM 可以分为 SRAM、DRAM 和 NVRAM。ROM 可以分为掩膜式 ROM、PROM、EPROM、E²PROM 和 Flash Memory。静态存储器和动态存储器的最大区别是基本存储元的构成不同。静态存储器的特点：存储时间短，外部电路简单，便于使用。动态存储器的特点：存储速度较静态存储器慢，但集成度高，容量大。

2. 说明字扩展和位扩展的实现方法。

答：字扩展就是增加存储单元数量，对地址空间进行扩充。如果单片存储芯片的容量不能满足存储系统的空间要求，则需要进行字扩展。字扩展利用芯片地址线串联的方式实现。如果单片存储芯片的数据位数（即字长）不能满足存储系统的要求（按字节），则需要进行位扩展。位扩展采用存储芯片数据线并联来扩展存储单元的位数，又称位并联法。

3. 存储器的寻址范围是怎样确定的？举例说明它的确定方法。

答：先由高位地址进行片选，再由低位地址进行字选，从而确定一个存储单元。

例如，Intel 6264 芯片地址线为 13 条，使用全地址译码方式，则低 13 位用于片内译码，即字选，剩下的 7 条地址线则用于确定芯片在整个内存空间的范围，即片选。

4. 设计 RAM 存储器系统，起始地址为 20000H，容量为 512 KB，使用你熟悉的芯片完成此设计。

答：利用 Intel 6264 芯片实现该存储器系统。需要使用的芯片数目为 512 KB/8 KB＝64。由于每个 74LS138 译码器可产生 8 个有效片选信号，因此每个 74LS138 译码器可用于寻址 8 个 6264，即 64 KB。根据题目要求，共需要 8 组 74LS138 译码器，产生 64 个 6264 的片选信号。其中 #1 译码器的地址空间为 20000H～2FFFFH，其地址分配如表 1.4.1 所示。$A_{12}\sim A_0$ 用于片内寻址，$A_{15}\sim A_{13}$ 用于 74LS138 译码器地址端 A、B、C 的输入，$A_{19}\sim A_{16}$ 用于 74LS138 译码器使能端的输入。其余 7 个 74LS138 译码器的地址分配与此类似，区别仅在于 $A_{19}\sim A_{16}$ 采用不同组合，使得对应的译码器处于工作状态。例如，#2 译码器的 $A_{19}\sim A_{16}$ 对应的组合为 0011，其对应的地址空间组合为 30000H～3FFFFH。

表 1.4.1　#1 译码器地址分配

74LS138 芯片编号	6264 芯片编号	型号	地址分配	$A_{19}A_{18}A_{17}A_{16}$	$A_{15}A_{14}A_{13}$	A_{12}	...	A_0
#1	1	6264	20000H～21FFFH	0 0 1 0	0 0 0	0	0000 0000 000	0
				0 0 1 0	0 0 0	1	1111 1111 111	1
	2	6264	22000H～23FFFH	0 0 1 0	0 0 1	0	0000 0000 000	0
				0 0 1 0	0 0 1	1	1111 1111 111	1
	3	6264	24000H～25FFFH	0 0 1 0	0 1 0	0	0000 0000 000	0
				0 0 1 0	0 1 0	1	1111 1111 111	1

74LS138 芯片编号	6264 芯片编号	型号	地址分配	$A_{19}A_{18}A_{17}A_{16}$	$A_{15}A_{14}A_{13}$	A_{12}	$\cdots$	A_0
#1	4	6264	26000H~27FFFH	0 0 1 0	0 1 1	0	0000 0000 000	0
				0 0 1 0	0 1 1	1	1111 1111 111	1
	5	6264	28000H~29FFFH	0 0 1 0	1 0 0	0	0000 0000 000	0
				0 0 1 0	1 0 0	1	1111 1111 111	1
	6	6264	2A000H~2BFFFH	0 0 1 0	1 0 1	0	0000 0000 000	0
				0 0 1 0	1 0 1	1	1111 1111 111	1
	7	6264	2C000H~2DFFFH	0 0 1 0	1 1 0	0	0000 0000 000	0
				0 0 1 0	1 1 0	1	1111 1111 111	1
	8	6264	2E000H~2FFFFH	0 0 1 0	1 1 1	0	0000 0000 000	0
				0 0 1 0	1 1 1	1	1111 1111 111	1

设计的 512 KB 存储器系统和 8088 CPU 最小系统连接的原理图如图 1.4.2 所示。

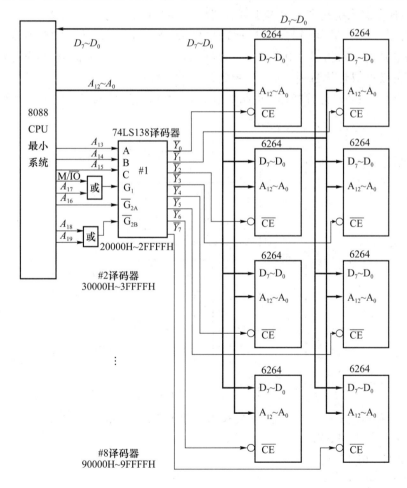

图 1.4.2 512 KB 存储器系统连接原理图

5. 用下列芯片构成存储系统,各需要多少个 RAM 芯片? 需要多少位地址作为片外地址译码? 设系统为 20 位地址线,采用全译码方式。

① 512×4 位 RAM 构成 16 KB 的存储系统。

② 1024×1 位 RAM 构成 128 KB 的存储系统。

③ 2K×4 位 RAM 构成 64 KB 的存储系统。

④ 64K×1 位 RAM 构成 256 KB 的存储系统。

答:① 所需芯片数:$(16×1024/512)×(8/4)=64$。片内译码需要 9 位地址线,片外需要 11 根地址线进行译码。

② 所需芯片数:$(128×1024/1024)×(8/1)=1024$。片内译码需要 10 位地址线,片外需要 10 根地址线进行译码。

③ 所需芯片数:$(64/2)×(8/4)=64$。片内译码需要 11 位地址线,片外需要 9 根地址线进行译码。

④ 所需芯片数:$(256/64)×(8/1)=32$。片内译码需要 16 位地址线,片外需要 4 根地址线进行译码。

6. 现有一种存储芯片,容量为 512×4 位,若要用它组成 4 KB 的存储容量,需要多少这样的存储芯片? 4 KB 存储系统最少需要多少寻址线? 每块芯片需要多少寻址线?

答:因为存储芯片容量为 512×4 位,而需要组成 4K×8 位的存储系统,所以要同时进行字位扩展。所需芯片的个数为 $(4×1024/512)×(8/4)=16$。最少需要的寻址线数为 $\log_2(4K)=12$。每块芯片需要的寻址线数为 $\log_2 512=9$。

7. 有一个 6264 SRAM 芯片的译码电路如图 1.4.3 所示,请计算该芯片的地址范围及存储容量。

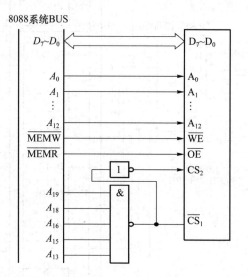

图 1.4.3　6264 SRAM 译码电路

答:由于 A_{17} 和 A_{14} 未参与译码,因此共有 4 组地址范围,每组容量均为 8 KB。

① 0DA000H~0DBFFFH。

② 0DE000H~0DFFFFH。

③ 0FA000H~0FBFFFH。

④ 0FE000H~0FFFFFH。

8. 使用 8K×8 位的 EPROM 2764 和 8K×8 位的 SRAM 6264 以及 74LS138 译码器,构成

一个存储容量为 16 KB ROM(地址范围为 00000H～03FFFH)、16 KB RAM(地址范围为 14000H～17FFFH)的存储器系统。系统地址总线为 20 位,数据总线为 8 位。画出存储器系统连接图。

答:芯片位数满足需要,因此只需要进行字扩展。所需 ROM 和 RAM 芯片的个数均为 16K/8K＝2。地址分配如表 1.4.2 所示,其中 A_{12}～A_0 用于片内寻址,A_{15}～A_{13} 用于 74LS138 译码器地址端 A、B、C 的输入,A_{19}～A_{16} 用于 74LS138 译码器使能端的输入。

表 1.4.2 地址分配(题 8)

芯片	型号	地址分配	A_{19} A_{18} A_{17} A_{16}	A_{15} A_{14} A_{13}	A_{12}	…	A_0
1	ROM 2764	00000H～01FFFH	0 0 0 0	0 0 0	0	0000 0000 000	0
			0 0 0 0	0 0 0	1	1111 1111 111	1
2	ROM 2764	02000H～03FFFH	0 0 0 0	0 0 1	0	0000 0000 000	0
			0 0 0 0	0 0 1	1	1111 1111 111	1
3	RAM 6264	14000H～15FFFH	0 0 0 1	0 1 0	0	0000 0000 000	0
			0 0 0 1	0 1 0	1	1111 1111 111	1
4	RAM 6264	16000H～17FFFH	0 0 0 1	0 1 1	0	0000 0000 000	0
			0 0 0 1	0 1 1	1	1111 1111 111	1

存储器系统连接原理图如图 1.4.4 所示。

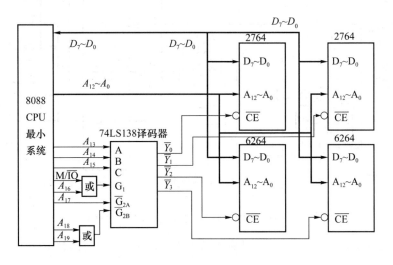

图 1.4.4 存储器系统连接原理图

9. 使用 8K×8 位的 EPROM 2764 和 8K×8 位的 SRAM 6264 以及 74LS138 译码器,构成一个存储容量为 16 KB ROM(地址范围为 FC000H～FFFFFH)、16 KB RAM(地址范围为 00000H～03FFFH)的存储器系统。系统 CPU 8086 工作于最小模式。画出存储器系统连接图。

答:8086 CPU 对外数据总线是 16 位,扩展存储器系统设计时采用奇偶分体的存储器结构,两个存储体使用 A_0 和 $\overline{BHE}$ 来区分。只需进行字扩展,所需 ROM 和 RAM 芯片个数均为 16K/8K＝2。地址分配如表 1.4.3 所示。

表 1.4.3　地址分配(题 9)

芯片编号	名称	地址分配	A_{19}	A_{18}	A_{17}	A_{16}	A_{15}	A_{14}	A_{13}	A_{12}	...	A_1	A_0
U11	2764(偶)	FC000H~FFFFEH	1	1	1	1	1	1	0	0	0000 0000 00	0	0
			1	1	1	1	1	1	1	1	1111 1111 11	1	0
U12	2764(奇)	FC001H~FFFFFH	1	1	1	1	1	1	0	0	0000 0000 00	0	1
			1	1	1	1	1	1	1	1	1111 1111 11	1	1
U13	6264(偶)	00000H~03FFEH	0	0	0	0	0	0	0	0	0000 0000 00	0	0
			0	0	0	0	0	0	1	1	1111 1111 11	1	0
U14	6264(奇)	00001H~03FFFH	0	0	0	0	0	0	0	0	0000 0000 00	0	1
			0	0	0	0	0	0	1	1	1111 1111 11	1	1

其中，$A_{13} \sim A_1$ 用于片内寻址，$A_{16} \sim A_{14}$ 用于 74LS138 译码器地址端 A、B、C 的输入，$A_{19} \sim A_{17}$ 用于 74LS138 译码器使能端的输入。系统连接原理图如图 1.4.5 所示。

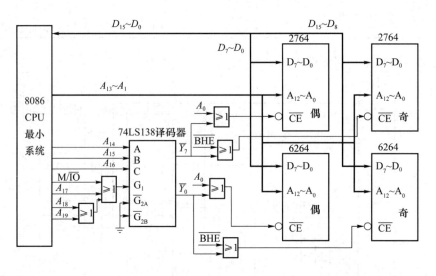

图 1.4.5　8086 CPU 最小系统存储器系统连接原理图

10. 试为 8088 微机系统设计一个具有 16 KB ROM 和 32 KB RAM 的存储器。

① 选用 EPROM 芯片 2764 组成 ROM，从 00000H 地址开始。

② 选用 SRAM 芯片 6264 组成 RAM，从 04000H 地址开始。

③ 分析出每个存储芯片的地址范围。

答：8088 CPU 外部数据总线为 8 位，采用字扩展进行设计。由于 2764 和 6264 的容量大小均为 8 KB，因此所需 ROM 芯片个数为 16K/8K＝2，所需 RAM 芯片个数为 32K/8K＝4。地址分配如表 1.4.4 所示，其中 $A_{12} \sim A_0$ 用于片内寻址，$A_{15} \sim A_{13}$ 用于 74LS138 译码器地址端 A、B、C 的输入，$A_{19} \sim A_{16}$ 用于 74LS138 译码器使能端的输入。

表 1.4.4　地址分配(题 10)

编号	型号	地址分配	A_{19} A_{18} A_{17} A_{16}	A_{15} A_{14} A_{13}	A_{12}	$\cdots$	A_0
1	2764	00000H～01FFFH	0　0　0　0	0　0　0	0	0000　0000　000	0
			0　0　0　0	0　0　0	1	1111　1111　111	1
2	2764	02000H～03FFFH	0　0　0　0	0　0　1	0	0000　0000　000	0
			0　0　0　0	0　0　1	1	1111　1111　111	1
3	6264	04000H～05FFFH	0　0　0　0	0　1　0	0	0000　0000　000	0
			0　0　0　0	0　1　0	1	1111　1111　111	1
4	6264	06000H～07FFFH	0　0　0　0	0　1　1	0	0000　0000　000	0
			0　0　0　0	0　1　1	1	1111　1111　111	1
5	6264	08000H～09FFFH	0　0　0　0	1　0　0	0	0000　0000　000	0
			0　0　0　0	1　0　0	1	1111　1111　111	1
6	6264	0A000H～0BFFFH	0　0　0　0	1　0　1	0	0000　0000　000	0
			0　0　0　0	1　0　1	1	1111　1111　111	1

1.4.3　拓展学习:E^2PROM

E^2PROM 的主要特点是在工作过程中能进行读写和擦除,在断电情况下信息不会丢失,兼顾了 RAM 和 ROM 的功能,因此,其在智能仪表、控制及开发装置中得到了广泛应用。

1. 典型 E^2PROM

E^2PROM 因制造工艺及芯片容量的不同而有多种型号。E^2PROM 的主要产品有高压编程的 2816/2817(2K×8 位),低压编程的 2816A/2817A(2K×8 位)、2864A(8K×8 位)和 28512(64K×8 位)等。高压编程 E^2PROM 是指芯片内有编程所需的高压脉冲产生电路,因而不需要外加编程电压和编程脉冲即可工作。有的 E^2PROM 与相同容量的 EPROM 完全兼容,例如,2864 与 2764 就完全兼容。

2816A 和 2817A 均属于 5 V E^2PROM,其容量都是 2K×8 位。2816A 与 2817A 的不同之处在于:2816A 的写入时间为 9～15 ms,完全由软件延时控制,与硬件电路无关;2817A 利用硬件引脚来检测写操作是否完成。

下面以 2817A 为例,介绍 E^2PROM 芯片的基本特点和工作方式。

(1) 2817A 的特性及引脚信号

Intel 2817A 是 28 引脚双列直插式芯片,容量为 2 KB,最大读出时间为 250 ns,单一＋5 V 电源供电,最大工作电流为 150 mA,维持电流为 55 mA。2817A 的引脚信号如图 1.4.6 所示。

A_{10}～A_0 为地址信号线,输入,可寻址 2K($2K=2^{11}$)存储空间,通常与系统低位地址总线相连。

D_7～D_0 为数据线,8 位,双向,通常与系统数据总线相连。

$\overline{OE}$ 为读出允许信号,输入,低电平有效。

$\overline{WE}$ 为写允许信号,输入,低电平有效。

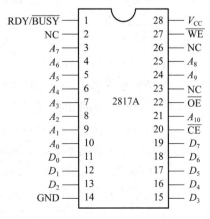

图 1.4.6　2817A 的引脚信号

$\overline{CE}$为片选信号,输入,低电平有效。

RDY/$\overline{BUSY}$为闲忙状态指示信号,输出。

V_{CC}为+5 V电源;GND为接地端。

(2) 2817A 的工作方式

2817A 在写入一字节的指令码(当它用于存储程序时)或数据之前,会自动对要写入的单元进行擦除操作,因此不需要专门对芯片进行字节擦除和整块擦除操作。

2817A 共有 3 种工作方式,由$\overline{CE}$、$\overline{OE}$、$\overline{WE}$、RDY/$\overline{BUSY}$信号决定,如表 1.4.5 所示。

表 1.4.5　2817A 的工作方式

工作方式	$\overline{CE}$	$\overline{OE}$	$\overline{WE}$	RDY/$\overline{BUSY}$	数据线状态
读出	0	0	1	高阻	D_{OUT}
未选中	1	×	×	高阻	高阻
字节编程	0	1	0	0	D_{IN}
字节擦除	在每个字节编程前该单元的内容将自动擦除				

① 读出:从 E^2PROM 读出数据的过程与从 EPROM 及 RAM 读出数据的过程一样。CPU 将地址加在 $A_{10} \sim A_0$ 经内部地址译码器译码,选中存储单元时,当$\overline{CE}=0$,$\overline{OE}=0$,$\overline{WE}=1$,RDY/$\overline{BUSY}$为高阻状态时,只要满足芯片所要求的读出时序关系,即可从选中的存储单元中将数据读出。

② 未选中:当$\overline{CE}$为高电平时,芯片未选中,数据线呈现高阻状态,禁止数据传送,处于保持状态,功耗降低。$\overline{OE}$、$\overline{WE}$为任意态,而 RDY/$\overline{BUSY}$呈高阻态。

③ 字节写入(字节编程):当$\overline{OE}$为高电平时,进行字节写入操作。进行写入操作之前自动对要写入的单元进行擦除,而要写入的数据从数据线 $D_7 \sim D_0$ 写入被选中的单元。此时 RDY/$\overline{BUSY}$为低电平,写入操作完成后,该引脚变为高电平。

2. 闪存

闪存是一种非易失性(在断电情况下仍能保持所存储的数据信息)的存储器。闪存是 E^2PROM 的变种,与一般的 E^2PROM 的操作方式不同。闪存擦除时以扇区(Block)为单位进行,擦除速度快,但写入时以字节为单位进行。因此,闪存不仅具有 E^2PROM 的特点,又具有很高的存取速度,单片容量更大,功耗也更低。目前闪存主要用来构成存储卡,大量用于便携式计算机、数码相机、MP3 播放器等设备中。闪存分为 NOR Flash 和 NAND Flash 两种类型。

下面以 AT29C010A 芯片为例,简单介绍闪存的工作原理。

(1) AT29C010A 的内部结构和引脚

AT29C010A 是 ATMEL 公司推出的 5 V 闪速电擦除存储器,是一种并行、高性能、单一+5 V 电源供电和+5 V 在线擦除的闪存芯片,片内有 1 Mbit 的存储空间,分成 1024 个分区,每一个分区为 128 字节,以分区为单位进行编程。AT29C010A 的快速读取时间为 70 ns,快速的分区编程周期为 10 ms,低功率消耗为 50 mA 有效电流,100 mA CMOS 维持电流。

AT29C010A 的内部结构如图 1.4.7 所示,片内有两个 8 KB 的可锁定的自举块,用来存储系统的自举代码和参数表,主块用来存放应用程序和数据,地址和数据信号都具有锁存功能。

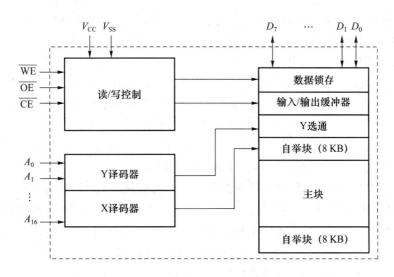

图 1.4.7　AT29C010A 的内部结构

AT29C010A 的引脚信号定义如图 1.4.8 所示，各引脚信号的功能如下。

$A_{16} \sim A_0$：地址线，可寻址 1 Mbit 的存储空间，由高位地址线 $A_{16} \sim A_7$ 提供 1024 个分区的地址，由低位地址线 $A_6 \sim A_0$ 提供每个分区内 128 个字节单元的地址。

$I/O_7 \sim I/O_0$：数据线，双向，三态。

$\overline{OE}$：读出允许信号，输入，低电平有效。

$\overline{WE}$：写允许信号，输入，低电平有效。

$\overline{CE}$：片选信号，输入，低电平有效。

V_{PP}：+5 V 编程电压。

V_{CC}：+5 V 工作电压。

V_{SS}：接地端。

图 1.4.8　AT29C010A 的引脚信号定义

（2）AT29C010A 的工作方式

AT29C010A 的读操作与 E^2PROM 的相同，是按字节读出，但在写入（编程）时与 E^2PROM 不同，是按分区编程，每个分区的容量为 128 字节，如果某一分区中的一个数据需要改写，那么这一分区中的所有数据必须重新装入，其工作方式如表 1.4.6 所示。

表 1.4.6　AT29C010A 的工作方式

工作方式	$\overline{CE}$	$\overline{OE}$	$\overline{WE}$	$I/O_7 \sim I/O_0$
读出	0	0	1	数据输出
保持	1	1	×	高阻
编程	0	1	0	数据输入

① 读出：AT29C010A 读取数据的过程类似于普通 E^2PROM，当 $\overline{CE}$ 和 $\overline{OE}$ 为低电平，$\overline{WE}$ 为高电平时，由 $A_{16} \sim A_0$ 寻址的内存单元中的数据会读到 $I/O_7 \sim I/O_0$ 输出引脚。若 $\overline{CE}$ 和 $\overline{OE}$ 为高电平，则 $I/O_7 \sim I/O_0$ 输出引脚为高阻态。

② 字节装载:AT29C010A 的字节装载可用于装入每一分区待编程的 128 字节数据或用来进行数据保护的软件编码。每一字节的装载是通过 $\overline{\text{CE}}$ 或 $\overline{\text{WE}}$ 各自为低电平而 $\overline{\text{OE}}$ 为高电平来实现的,数据在 $\overline{\text{CE}}$ 或 $\overline{\text{OE}}$ 的一个上升沿时锁存。

③ 编程:AT29C010A 的编程和普通 E^2PROM 的编程不同,其是以分区为单位进行再编程,每个分区的容量为 128 字节,如果某一分区中的一个数据需要改变,那么这一分区中的所有数据必须重新装入。当第一字节数据装入 AT29C010A 之后,其余字节将以同一方式依次装入,字节不需要按顺序装载,可以以任意方式装载。每一新装载的数据若要被编程,则必须有 $\overline{\text{WE}}$(或 $\overline{\text{CE}}$)由高到低的跳变,这一跳变需在 150 μs 内完成,同时,前面字节的 $\overline{\text{WE}}$(或 $\overline{\text{CE}}$)由低到高的跳变时间也是 150 μs。如果一个由高到低的跳变在最后一个由低到高的 150 μs 内没有被检测到,那么字节装载的时间段将将结束,此时内部编程时间段开始。$A_{16} \sim A_7$ 用于提供分区地址,分区地址只在每一个 $\overline{\text{WE}}$(或 $\overline{\text{CE}}$)由高到低跳变时才有效,而 $A_6 \sim A_0$ 用于提供分区中每一字节的地址。

编程周期开始时,AT29C010A 会自动擦除分区的内容,然后对锁存的数据在定时器的作用下进行编程。当编程将要结束时,在装载最后一字节数据时使 I/O_7 产生装载数据结束信号。通过查询 I/O_7 的状态来判断编程周期是否结束。一旦编程周期结束,就可开始一个新的读或编程操作。

AT29C010A 还具有软件数据保护、硬件保护、查询和重复位等工作方式,详细内容请参考相关手册。

1.5 输入/输出技术(教材第 5 章)学习辅导

1.5.1 知识点梳理

输入/输出技术知识结构如图 1.5.1 所示。

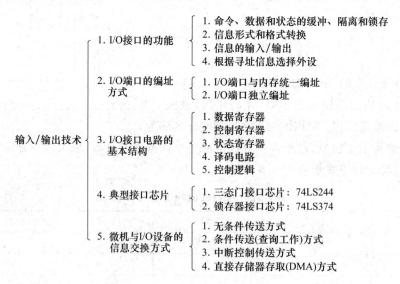

图 1.5.1 输入/输出技术知识结构

重点:I/O 端口独立编址方式中的地址译码,三态门接口芯片及锁存器接口芯片的应用,无条件传送方式与条件传送方式的应用。

难点:典型接口芯片的应用,条件传送方式的应用。

1.5.2 习题解答

1. 输入/输出设备有哪些特点? CPU 通过什么与输入/输出设备通信?

答:I/O 设备多种多样,在不同方面各有特点。速度方面,不同的外设速度有高有低且差异很大;信号的驱动能力方面,外设需要的电平宽,驱动功率也较大;信号形式方面,外设信号可能是数字量、开关量、模拟量(电流、电压、频率、相位)、压力、流量、温度、速度等;信息格式方面,不同外设使用不同形式的信息格式,如字节流、块、数据包、帧、并行数据、串行数据等;时序方面,外设有自己的定时与控制逻辑,与 CPU 的时序不一致。

CPU 通过与外设之间设置的 I/O 接口进行通信。

2. CPU 与输入/输出设备通信时所用到的接口电路通常应具备哪些功能?

答:I/O 接口应具有以下基本功能:

① 命令、数据和状态的缓冲、隔离和锁存。

② 信息形式和格式转换。

③ 信息的输入/输出。

④ 根据寻址信息选择外设。

3. 计算机与外设之间的数据传送控制方式有哪些? 它们各有什么特点?

答:有 4 种方式:无条件传送方式,条件传送方式,中断控制传送方式和直接存储器存取方式。各自的特点分别如下所述。

① 无条件传送方式:适用于总是处于准备好状态的外设,I/O 指令的执行过程即数据传送的过程。

② 条件传送方式:传送数据前需要询问外设状态,只有在外设处于准备好状态的条件下才能进行传送。

③ 中断控制传送方式:外设需要数据传送时向 CPU 提出请求,CPU 停止当前的操作,为外设服务。完成数据传送后,CPU 继续之前的工作。这种方式可以提高 CPU 的工作效率。

④ 直接存储器存取方式:数据的传送不再受 CPU 控制,而是由 DMA 控制器来负责数据传送,传送完成后,再将数据总线控制权移交给 CPU,传送速度快。

4. 何谓"I/O 端口独立编址"? 何谓"I/O 端口与内存统一编址"? 这两种编址方式各有什么特点?

答:I/O 端口独立编址是指内存储器和 I/O 端口各有自己独立的地址空间,访问 I/O 端口需要专门的 I/O 指令。其特点是两个地址空间相互独立,互不影响。

I/O 端口与内存统一编址也称为存储器映射编址,它把内存的一部分地址分配给 I/O 端口,即端口与存储器单元在同一个地址空间中进行编址。已经用于 I/O 端口的地址,存储器不能再使用。该编址方式的优点是:I/O 端口与内存统一编址后,访问内存单元和 I/O 端口使用相同的指令,且有相同的控制信号,有助于降低 CPU 电路的复杂性,并给使用者提供方便。但其缺点是:I/O 端口占用内存地址,相对减少了内存可用的地址范围;难以区分当前是访问内存还是访问外设。

5. CPU 与外设采用查询方式传送数据的过程是怎样的? 现有一输入设备,其数据端口的地址为 FFE0H,并于端口 FFE2H 提供状态,当其 D_0 位为 1 时表明输入数据已准备好。请编写采用查询方式进行数据传送的程序段,要求从该设备读取 100 字节并输入从 2000H:2000H 开始的内存中。

答:CPU 与外设采用查询方式传送数据的过程如下。

① CPU 读入描述外设工作状态的信息到寄存器,通过检测相应位来判断是否可以开始数据传送。

② 若不是,则重复执行①,等待外设"准备就绪"。

③ 若是,则进行数据传送。

④ 数据传送后,CPU 向外设发响应信号,表示数据已传送,外设收到响应信号之后,准备下一数据的传送。

⑤ CPU 判断数据是否已经全部传送完成,若还有数据需要传送,则重复执行①～④,否则结束传送。

采用查询方式,从设备读取 100 字节并将结果放到从 2000H:2000H 开始的内存中,程序如下:

```
DSEG SEGMENT
    ORG 2000H
    BUFFER DB 100 DUP(?)
DSEG ENDS


CSEG SEGMENT
    ASSUME CS:CSEG,DS:DSEG
START:
    MOV   AX,DSEG
    MOV   DS,AX
    LEA   SI,BUFFER
    MOV   CX,100          ;循环次数
CHECK:
    MOV   DX,0FFE2H
    IN    AL,DX
    TEST  AL,01H
    JZ    CHECK           ;未准备好,则继续查询

    MOV   DX,0FFE0H       ;开始数据传送
    IN    AL,DX           ;读入数据
    MOV   [SI],AL         ;放到指定单元
    INC   SI              ;修改单元指针
    LOOP  CHECK           ;循环准备下次数据传送
    MOV   AH,4CH          ;返回操作系统
    INT   21H
CSEG ENDS
    END START
```

6. 在教材 5.3 节实现的简单交通信号灯系统的基础上,添加重要事件处理功能。当按住按钮时,所有信号灯均为红色,禁止通行。当松开按钮时,恢复之前的通行状态(提示:可利用 74LS244 或 74LS245 作为输入接口芯片,结合读信号将按钮状态读入 8086 CPU 并进行检测。在延时子程序中加入处理程序,根据按钮状态控制信号灯)。

答:设计 Proteus 仿真电路,如图 1.5.2 所示。设定 CPU 的内部时钟频率为 5 MHz,属性 Internal Memory Size 的大小为 0x10000。地址总线由 74HC373 锁存后,经过译码电路产生有效输出信号 Y_0 和 Y_1。Y_0 用于输出接口电路,控制交通信号灯的变化。Y_1 用于输入接口电路,利用 74LS245 读取按钮的状态。

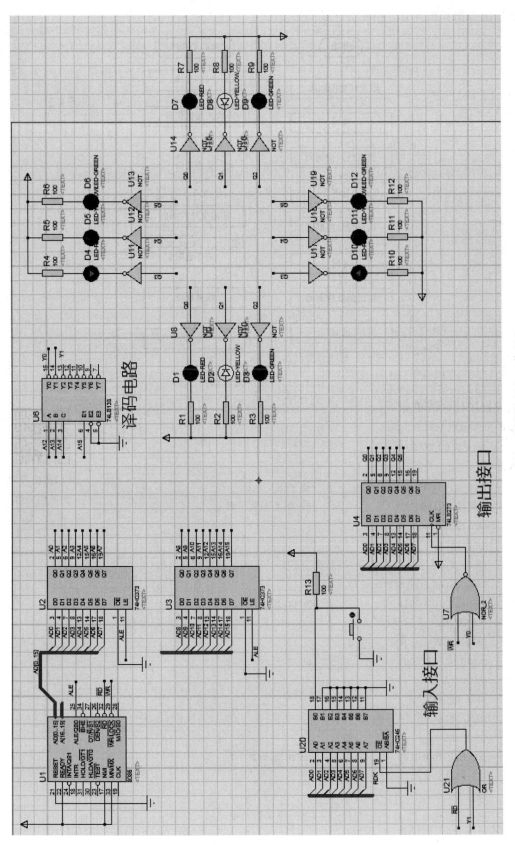

图 1.5.2 利用按钮控制交通信号灯

程序流程图如图1.5.3所示。

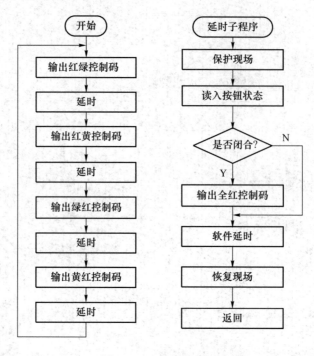

图 1.5.3 程序流程图

汇编程序代码清单如下。

利用按钮控制
交通信号灯

```
CODE   SEGMENT PUBLIC 'CODE'
       ASSUME CS:CODE
START:
       MOV DX,8000H              ;输出接口地址
       MOV AL,11100001B         ;R-G,显示红-绿
       OUT DX,AL
       CALL DELAY
       CALL DELAY
       CALL DELAY
       MOV AL,11010001B         ;R-Y,显示红-黄
       OUT DX,AL
       CALL DELAY
       MOV AL,11001100B         ;G-R,显示绿-红
       OUT DX,AL
       CALL DELAY
       CALL DELAY
       CALL DELAY
       MOV AL,11001010B         ;Y-R,显示黄-红
       OUT DX,AL
       CALL DELAY
       JMP START                ;下一轮重新开始
```

```
DELAY PROC NEAR
      ;判断是否按下按钮
      PUSH DX                        ;保护现场
      MOV DX,9000H                   ;输入接口地址
      IN AL,DX                       ;读入按钮状态
      AND AL,01H
      CMP AL,00
      JNZ CONT                       ;按钮未按下,继续延时
      MOV DX,8000H                   ;按钮按下,输出全红
      MOV AL,11001001B               ;全红
      OUT DX,AL

CONT: MOV CX,0FFFFH                  ;软件延时,约4 s
NEXT: PUSH AX
      POP AX
      PUSH AX
      POP AX
      PUSH AX
      POP AX
      LOOP NEXT
      POP DX                         ;恢复现场
      RET
DELAY ENDP

CODE  ENDS
      END START
```

7. DMA 控制器应具有哪些功能?

答:在 DMA 传送过程中,DMA 控制器应能够接收外设发送的 DMA 请求信号,向 CPU 发送"总线请求"HOLD 信号,接收 CPU 发出的"总线响应"信号,控制总线并向外设发送 DMA 响应信号,完成内存与外设或内存与内存之间的直接数据传送。DMA 控制器自动修改地址和字节计数器,并据此判断是否需要重复传送操作。数据传送完成后,DMA 控制器能撤销发往 CPU 的 HOLD 信号。

1.5.3　拓展学习:LED 数码管

1. LED 数码管

LED 数码管分为共阳极和共阴极两种结构,在封装上有将一位、两位或更多位封装在一起的。由于篇幅限制,这里只介绍一种共阳极封装的 LED 数码管,如图 1.5.4 所示。当某一段的发光二极管流过一定电流(如 10 mA 左右)时,它所对应的段就发光,若无电流流过,则不发光。不同发光段的组合可以显示不同的数字和符号。显示十六进制 16 个数字的七段码如表 1.5.1 所示。

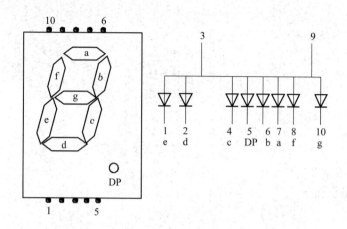

图 1.5.4　共阳极 LED 数码管示意图

表 1.5.1　十六进制数 0～F 对应的七段码值

符号	形状	七段码 .gfedcba	符号	形状	七段码 .gfedcba
0		00111111	8		01111111
1		00000110	9		01100111
2		01011011	A		01110111
3		01001111	B		01111100
4		01100110	C		00111001
5		01101101	D		01011110
6		01111101	E		01111001
7		00000111	F		01110001

2. 应用与连接

　　七段数码管作为一种外设,与系统总线之间有多种接口方式,这里利用前面学到的 74LS273 作为输出接口,用集电极开路门 7406 作为驱动器与 LED 数码管连接。另外,采用 74LS244 作为输入接口,输入开关的状态。电路连接如图 1.5.5 所示。图中电路的功能是:当开关 K_0 处于闭合状态时,在 LED 数码管上显示"0",当开关 K₀ 处于断开状态时,在 LED 数码管上显示"1"。
与硬件电路相配合完成此功能的程序段如下。

```
FOREVER:    MOV  DX,0F1H      ;输入端口地址为 0F1H
            IN   AL,DX        ;读入开关状态
            TEST AL,1         ;判断开关状态
            MOV  AL,3FH       ;显示"0"
            JZ   DISP
            MOV  AL,06H       ;显示"1"
DISP:       MOV  DX,0F0H      ;输出端口地址为 0F0H
            OUT  DX,AL
            JMP  FOREVER
```

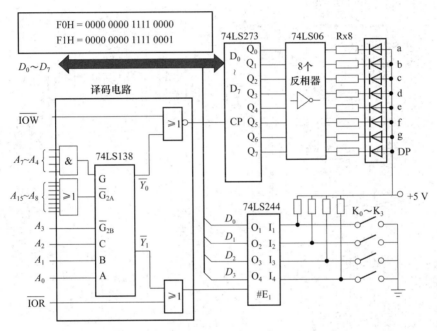

图 1.5.5 电路连接示意图

3.电路原理图及实现

在 74LS138 产生有效的译码信号的前提下,利用输入接口芯片 74LS244 将 4 个开关(K₃、K₂、K₁、K₀)的状态组合输入 8086,利用程序进行判断,通过锁存器芯片 74LS273 输出对应组合数值的七段码值,在数码管上显示对应数字或符号。

仿真电路以图 1.5.5 为基本原理,利用 74LS138 译码器产生有效的译码信号 $\overline{Y}_0$ 和 $\overline{Y}_1$。结合 ALE 信号,通过锁存器接口芯片 74LS273 分别将输入接口信号 $\overline{Y}_1$ 和输出接口信号 $\overline{Y}_0$ 保存为 INPUT 和 OUTPUT 信号。在 CPU 产生读信号 $\overline{RD}$ 有效的前提下,利用 74LS244 将开关的状态组合通过数据总线送入 CPU 内部,根据程序控制进行输出。在 CPU 产生写信号 $\overline{WR}$ 有效的前提下,将对应的七段码通过数据总线送到 74LS273,通过 LED 数码管显示相应的字符。

例如:若 4 个开关 K₃、K₂、K₁、K₀ 的状态组合为 0101,则在数码管上显示数字 5;若状态组合为 1011,则在数码管上显示字符 B。

开关控制 LED 数码管的 Proteus 仿真电路如图 1.5.6 所示。

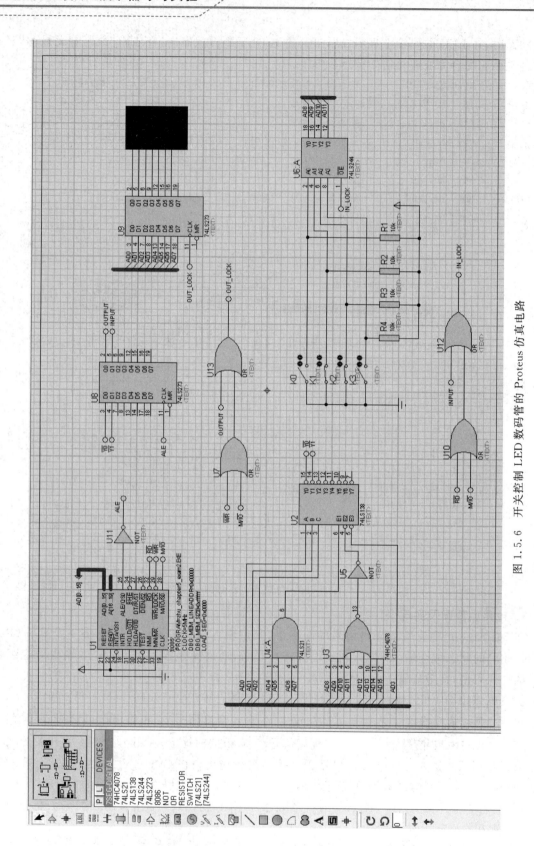

图 1.5.6 开关控制 LED 数码管的 Proteus 仿真电路

4．汇编程序

以上案例中所使用的程序代码如下所示。

```
CODE   SEGMENT 'CODE'
       ASSUME CS:CODE,DS:DATAS
START: MOV AX,DATAS
       MOV DS,AX
N:     LEA BX,TAB          ;获取偏移地址
       IN AL,0F1H          ;从输入接口读入开关的状态
       AND AL,0FH          ;清除 AL 中的高 4 位,保留低 4 位
       XLAT                ;查找对应的七段码值,并放入 AL 中
       OUT 0F0H,AL         ;送到输出接口 LED 数码管进行显示
       JMP N               ;无条件循环
CODE   ENDS
DATAS SEGMENT
       ;数码管的七段码值
       TAB DB 3FH,06H,5BH,4FH,66H,6DH,7DH,07H,7FH,67H,
              77H,7CH,39H,5EH,79H,71H
DATAS ENDS
       END START
```

1.5.4 典型案例

案例 5-1(开关控制二极管)的实现如下。

开关控制 LED 灯的仿真电路如图 1.5.7 所示。将输入选通信号 INPUT 通过锁存器接口芯片 74LS273 保存为信号 IN_LOCK,在 CPU 读信号$\overline{RD}$有效的前提下利用三态门接口芯片 74LS244 将开关的状态经引脚 2 和引脚 18 由数据线 AD_8 送入 CPU 内部进行检测。

CPU 通过执行程序输出相应数据,利用地址总线送出选通信号,并结合 ALE 信号及 74LS273 进行保存,通过数据线的高 8 位或低 8 位送出相应数据。在写信号$\overline{WR}$有效的前提下利用 74LS273 输出数据到 8 位 LED,完成输出过程。

注意 8086 CPU 的数据线的使用和访问的端口地址有关。若为偶地址,则使用低 8 位传输数据;若为奇地址,则使用高 8 位传输数据。

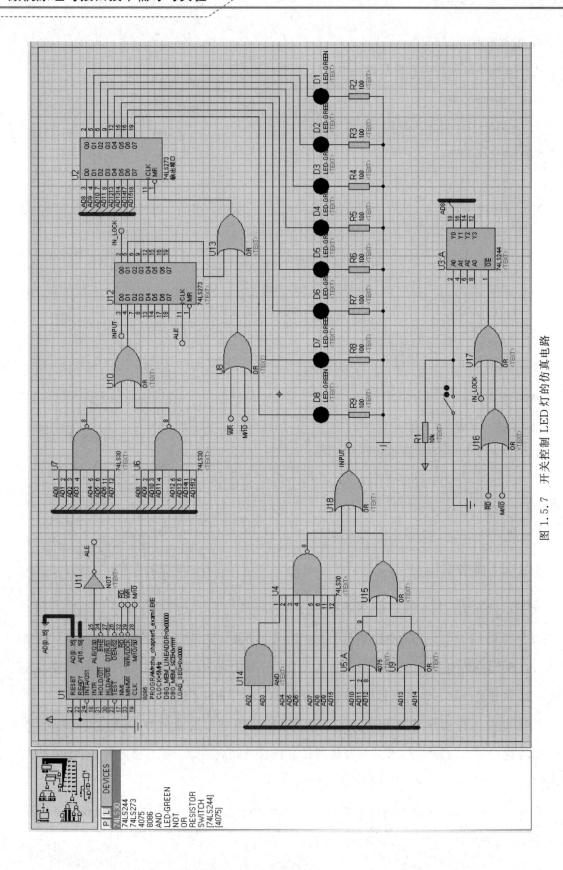

图 1.5.7 开关控制 LED 灯的仿真电路

以上案例中所使用的程序代码如下所示。

```
CODE   SEGMENT'CODE'
     ASSUME CS:CODE
START:MOV BL,55H              ;BL中的值用于显示LED灯
N:   MOV DX,83FDH             ;输入接口地址
     IN AL,DX                 ;读入开关的状态
     TEST AL,01H              ;测试开关状态
     JZ L                     ;闭合开关,跳转到相应程序
     JMP N                    ;继续检测开关状态
L:   MOV DX,0FFFFH            ;输出接口地址
     MOV AL,BL                ;准备输出数据
     OUT DX,AL                ;输出
     ROL BL,1                 ;对输出数据进行变换
     JMP N                    ;继续检测开关状态
CODE   ENDS
     END START
```

1.6　可编程并行 I/O 接口芯片 8255A(教材第 6 章)学习辅导

1.6.1　知识点梳理

可编程并行 I/O 接口芯片 8255A 知识结构如图 1.6.1 所示。

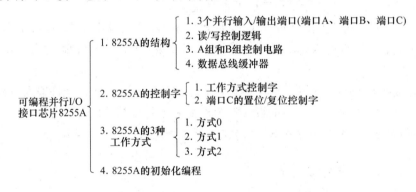

图 1.6.1　可编程并行 I/O 接口芯片 8255A 知识结构

重点:8255A 工作方式控制字的设定,8255A 端口地址的译码,8255A 的初始化编程。

难点:8255A 的综合应用。

1.6.2　习题解答

1. 简述 8255A 的工作方式 0、方式 1、方式 2 的特点。

答:方式 0 是基本输入/输出工作方式。端口 A、B、C 均可以工作在方式 0,即当外设始终处于传送数据的准备就绪状态时,CPU 通过 8255A 随时与外设进行数据输入/输出,这就是输入/输出技术中的无条件输入/输出。

方式 1 是单向选通输入/输出方式。A 口和 B 口作为独立的数据输入口或输出口,可由初

始化程序指定,但数据的输入/输出要在选通信号的控制下来完成,这些选通信号由 C 口的某些位来提供。

方式 2 是双向选通输入/输出方式。8255A 只有端口 A 可以工作在双向选通输入/输出方式下,方式 2 是方式 1 情况下 A 口输入、输出的结合。

2. 8255A 工作方式控制字的功能是什么?

答:工作方式控制字用来设定各端口的工作方式及数据传送方向,在 8255A 开始工作前,CPU 通过执行接口初始化程序来设定,接口初始化程序一般放在程序开始处。端口 A 可工作在方式 0、1、2 三种方式之一;端口 B 可工作在方式 0、1 两种方式之一;而端口 C 只能工作在方式 0。

3. 8255A 工作在方式 1 输入/输出,$\overline{STB}$、$\overline{ACK}$信号的功能是什么?

答:在方式 1 下 A 口、B 口均为选通输入时,$\overline{STB}$作为选通信号,低电平有效,是外设给 8255A 的信号,表示外设输入数据已准备好。该信号有效时,外设已将数据锁存入端口 A 或端口 B 中。

在方式 1 下 A 口、B 口均为选通输出时,$\overline{ACK}$作为响应信号,低电平有效,是外部设备从 8255A 端口取走数据后,发给 8255A 的响应信号。

4. 8255A 工作在方式 1 输入,用查询方式与 CPU 交换信息,CPU 应查询 8255A 的什么信号? 查询$\overline{STB}$信号可以吗? 为什么?

答:若采用查询方式,CPU 应查询 8255A 的 IBF 信号。IBF 是输入缓冲器满信号,是 8255A 向外设发出的响应信号,CPU 可以查询该信号来判断是否有数据需要进行传送。不可以查询 $\overline{STB}$信号,因为该信号是外设发出的准备传送数据的信号,实际的数据仍未传送到 8255A。因此,不可以通过查询该信号来实现与 CPU 的信息交换。

5. 设 8255A 的 A 口工作在双向方式,允许输入中断,禁止输出中断,B 口工作在方式 0 输出,C 口剩余数据线全部输入,请进行初始化编程。设 8255A 端口地址为 60H、62H、64H 和 66H。

答:根据题目要求,确定工作方式控制字格式为 11001001B。端口 A 的允许输入中断和禁止输出中断分别由 PC_4 和 PC_6 的置位(置 1)和复位(置 0)操作完成,因此初始化编程代码如下所示。

```
MOV AL,11001001B    ;A 口工作在双向方式,D₆D₅位设置为 10,D₄位无意义,设置为 0
OUT 66H,AL
MOV AL,00001001B    ;置位 PC₄ 为 1
OUT 66H,AL
MOV AL,00001100B    ;复位 PC₆ 为 0
OUT 66H,AL
```

6. 8255A 的 A 口与共阴极的 LED 显示器相连,若片选信号 $A_{10} \sim A_3 = 11000100$,问 8255A 的端口地址是多少? A 口应工作在什么方式? 画出 8255A、74LS138、8086 CPU 微机总线接口示意图,写出 8255A 的初始化程序。

答:以 8086 CPU 的 16 位地址总线 $A_{15} \sim A_0$ 来确定 I/O 端口地址,并设置偶地址 $A_0 = 0$,采用低 8 位数据总线传送数据,利用 A_2、A_1 分别接 8255A 的 A_1、A_0 确定端口地址。因此,8255A 的端口 A、B、C 及控制端口地址分别为 0620H、0622H、0624H 和 0626H。

A 口应工作在方式 0,输出。

利用 8255A、74LS138 和 8086 CPU 微机总线连接的接口示意图如图 1.6.2 所示。

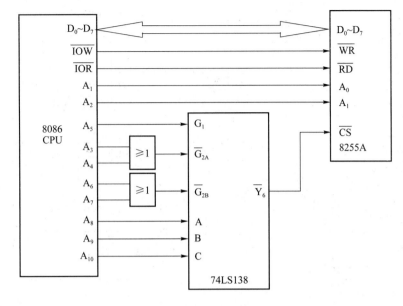

图 1.6.2 连接示意图

根据要求,只需要设置 A 口对应的控制字 $D_6 \sim D_4$ 为 000 即可,因此控制字为 10000000B,对应的初始化程序如下所示。

```
MOV AL,80H      ;80H = 10000000B
MOV DX,0626H    ;控制端口地址送入 DX 寄存器
OUT DX,AL       ;间接 I/O 访问方式
```

7. 以一个 5×5 键开关矩阵为例,用 8255A 的 A、B 口对矩阵进行扫描:

① 画出硬件连接示意图;

② 根据你的设计,对 8255A 进行初始化编程;

③ 编一段程序实现一次完整的扫描。

答:① 硬件连接示意图如图 1.6.3 所示,8255A 对应的端口地址分别为 A 口:0020H、B 口:0022H、C 口:0024H 及控制端口:0026H。

② 使用行扫描法对 5×5 键盘进行扫描,设定 8255A 的 A 口为输出,B 口为输入,均工作在方式 0,则控制字格式为 10000010B,对应的初始化程序如下所示。

```
MOV AL,82H      ;82H = 10000010B
MOV DX,0026H
OUT DX,AL
```

③ 利用行扫描法进行一次完整的扫描,汇编代码如下。

```
CODE SEGMENT 'CODE'
    ASSUME CS:CODE,DS:DATA
START:
    MOV AX,DATA
    MOV DS,AX
KT: MOV AL,82H          ;控制字 10000010B,方式 0,A 口输出,B 口输入,C 口输出
    OUT CT_PORT,AL      ;送控制端口
    ;判断有无键被按下
NO_KEY:
```

8255A 实现
5×5 矩阵键盘

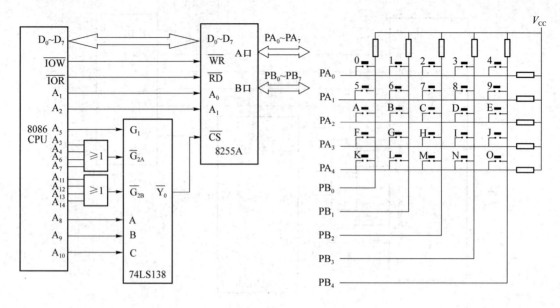

图 1.6.3 硬件连接示意图

```
        MOV AL,0
        MOV DX,A_PORT
        OUT DX,AL                ;从 A 口输出全 0,A7～A0
        MOV DX,B_PORT
        IN AL,DX                 ;从 B 口输入 B7～B0
        AND AL,1FH               ;保留低 5 位,即列值
        CMP AL,1FH               ;若全为高,则无键被按下
        JZ NO_KEY                ;若无键被按下,则继续检测等待
        ;有键被按下,延时,将列值保存到 AH 中
        MOV CX,0                 ;去抖动延时,即很快的按键被忽略
        LOOP $


        ;组合键值(使用行扫描法)
        MOV CX,5                 ;定义扫描的行数
        MOV AL,0FEH              ;设定第 1 次行扫描的数值为 11111110,即从第 0 行开始扫描
LN:     MOV AH,AL                ;保存低 5 位的行值到 AH 中
        OUT A_PORT,AL            ;将行值从 A 口送出

        IN AL,B_PORT             ;从 B 口读入列值
        AND AL,1FH               ;保留低 5 位,即列值
        CMP AL,1FH               ;判断是否在当前行
        JNZ KP                   ;若不等于 0,则说明在当前行,转到组合键值处理
        MOV AL,AH                ;否则不在当前行,准备下一行的扫描
        ROL AL,1                 ;循环左移 1 位
        DEC CX
        JNZ LN                   ;行未扫描完,转到下一行扫描
        JMP NO_KEY               ;出错,重新开始
```

```
KP:
      AND AL,1FH                  ;保留低 5 位,即列值
      AND AH,1FH                  ;保留低 5 位,即行值
                                  ;将行列值保存在 AX 中


      ;下面查找键值对应的七段码值
      LEA SI,KEY_CODE
      LEA DI,LED_SEV
      MOV CX,25
TT:   CMP AX,[SI]
      JZ  NN                      ;找到对应的键值
      DEC CX
      JZ  KT                      ;查找完仍然没有比对成功,则重新开始
      INC SI                      ;修改键值地址
      INC SI
      INC DI                      ;修改七段码地址
      JMP TT                      ;继续比较


NN:   MOV AL,[DI]
      OUT C_PORT,AL


WT2: MOV AL,0
      OUT A_PORT,AL               ;A 口输出
      IN AL,B_PORT                ;B 口输入
      AND AL,1FH                  ;保留低 5 位
      CMP AL,1FH                  ;若键未被释放,B低 5 位必定不全为 1
                                  ;只有键被释放,B低 5 位才全为 1
      JNZ WT2                     ;等待键被释放


      JMP KT
CODE ENDS


DATA SEGMENT
      ;8255A 端口地址
      A_PORT EQU   20H
      B_PORT EQU   22H
      C_PORT EQU   24H
      CT_PORT EQU  26H


      KEY_CODE DW  1E1EH,1E1DH,1E1BH,1E17H,1E0FH,     ;第 0 行键值,0~4
                   1D1EH,1D1DH,1D1BH,1D17H,1D0FH,     ;第 1 行键值,5~9
                   1B1EH,1B1DH,1B1BH,1B17H,1B0FH,     ;第 2 行键值,A~E
                   171EH,171DH,171BH,1717H,170FH,     ;第 3 行键值,F~J
                   0F1EH,0F1DH,0F1BH,0F17H,0F0FH      ;第 4 行键值,K~O
```

```
LED_SEV DB    3FH,06H,5BH,4FH,66H,      ;字符 0～4
              6DH,7DH,07H,7FH,67H,      ;字符 5～9
              77H,7CH,39H,5EH,79H,      ;字符 A～E
              71H,3DH,76H,0FH,0EH,      ;字符 F～J
              72H,38H,37H,3EH,33H       ;字符 K～O
DATA ENDS
    END START
```

读者也可以使用反转法实现 5×5 矩阵键盘。

1.6.3 拓展学习:键盘

1. 键盘结构

键盘由一组规则排列的按键组成,键盘的结构有两种形式:一种是线性键盘,另一种是矩阵键盘。线性键盘就是将各按键顺序排列,各键的一端接电源,另一端与微机的输入端口相连,微机通过查询程序读取按键各位的状态,然后判断是否有键按下以及按键信息。线性键盘如图 1.6.4所示。由于线性键盘的按键直接与微机的输入端口相连,一个按键对应端口中的一位,因此线性键盘只适用于按键较少的场合。例如,用一个 8 位的数据输入端口来控制线性键盘时,按键的个数只能是 8 个。

矩阵键盘是将按键排列成 m 行 n 列的矩阵形式,行、列线通过按键相连,按键总数最多为 $m \cdot n$ 个,键盘控制线共 $m+n$ 条。矩阵键盘如图 1.6.5 所示。当用一个 8 位的数据输入端口来控制矩阵键盘时,按键的个数可以是 16 个。

对于矩阵键盘,按键的位置由行号和列号唯一确定,因此利用按键所在的行号和列号构成该按键的行列值编码。图 1.6.5 中,6 号键位于第 1 行、第 2 列,因此,该按键的行列值编码为 11011011 $(X_3X_2X_1X_0Y_3Y_2Y_1Y_0)$。可以将所有按键的行列值编码构成编码表,供查表使用。

2. 矩阵键盘按键的识别方法

矩阵键盘按键的识别方法主要有行扫描法和反转法两种。

(1) 行扫描法

行扫描法又称逐行扫描查询法,是一种最常用的按键识别方法。在图 1.6.5 所示的矩阵键盘中,将按键的行线作为输入、列线作为输出,按键的识别过程如下。

① 判断键盘中有无键按下。首先将全部行线 X_0～X_3 置低电平,然后读取列线 Y_0～Y_3 数据。若读取的列线数据每一位均为高电平,则表示键盘中无键按下。若读取的列线数据中有一位为低电平,则表示该列中有键按下。

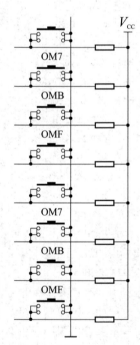

图 1.6.4 线性键盘

② 当检测到有键按下后,延时一段时间应再判断一次键盘中有无键按下,以剔除键抖动导致的按键闭合,这个过程称为去除键抖动。

③ 判断闭合键所在的位置。当确认有键按下后,再进一步确定闭合键的位置。其方法是:从第 0 行开始,顺序逐行扫描,即逐行输入低电平。每扫描一行,读入列线数据,若数据中有一位

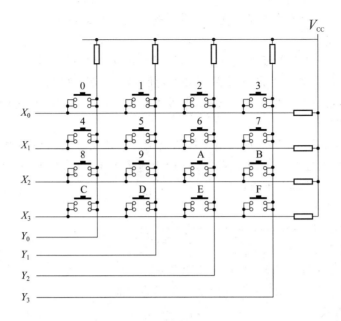

图 1.6.5 矩阵键盘

为低电平,则表示该位对应的列与当前扫描行的交点处的按键被按下,并由此得到闭合键的行值和列值。

例如,在图 1.6.5 中,假设键"6"被按下,行扫描判断过程如下:首先将全部行线 $X_0 \sim X_3$ 置 0,读取列线数据,该数据中有一位为 0,表明有键按下,按照假设,$Y_2 = 0$。与列线 Y_2 相连的键有 4 个,它们是"2""6""A""E"。为了进一步判断是哪一个键被按下,使用行扫描法,先使第 0 行输入 0,其他行为 1,即 $X_3 X_2 X_1 X_0 = 1110$,再读取列线数据,并判断列线数据中是否有 0 存在,如果没有,表示被按下键不在该行,继续使 $X_3 X_2 X_1 X_0 = 1101$,再读取列线数据,如此继续判断是否有 0 存在。按照假设,读入的列值为 1011 时,按下的键在该行上。扫描结果为被按下键的行值为 1101,列值为 1011,该键的行列值编码为 11011011($X_3 X_2 X_1 X_0 Y_3 Y_2 Y_1 Y_0$)。

(2)反转法

反转法不需要逐行输出,方法如下。

① 首先,将行线作为输入、列线作为输出,并使 $X_3 X_2 X_1 X_0 = 0000$,从 $Y_3 Y_2 Y_1 Y_0$ 读入列值数据,若读入的列值数据中有一位为 0,则表明有键按下,存储此值作为"列值",转第②步,否则在本步骤中循环,继续查询。

② 将列线作为输入、行线作为输出。将上述得到的列值再从 $Y_3 Y_2 Y_1 Y_0$ 输入,接着读取行值数据,该数据中必有一位为 0,为 0 的位所对应的行线就是被按下键所在的行,存储此值作为"行值"。将行值和列值组合在一起构成行列值编码。

例如,在图 1.6.5 中,假设键"6"被按下,反转法判断过程如下:首先使行线为输入、列线为输出。置 $X_3 X_2 X_1 X_0 = 0000$,读取列值数据,该数据中有一位为 0,按照假设,读取的列值数据为 1011,存储该"列值"。然后使列线为输入、行线为输出。将存储的列值从 $Y_3 Y_2 Y_1 Y_0$ 输入,从 $X_3 X_2 X_1 X_0$ 上读取行值数据,该数据中必有一位为 0,存储此值为"行值"。该键的行列值为 11011011。

当得到按键的行列值后,用查表法即可得到按键的键号。在查表法中,将所有按键的键号构成键号表,将每个键号的行列值按照键号的排列顺序构成行列值表。根据按键的行列值在行列值表中查找,找到对应的行列值所在位置,然后到键号表中查表即可。

3. 键盘的工作方式

CPU 对键盘的响应取决于键盘的工作方式,键盘的工作方式应根据实际应用系统中 CPU 的工作状况而定,其选取的原则是既要保证 CPU 能及时响应按键操作,又不要过多占用 CPU 的工作时间。通常,键盘的工作方式有 3 种,即编程扫描、定时扫描和中断扫描。

（1）编程扫描方式

编程扫描方式是利用 CPU 完成其他工作的空余时间调用键盘扫描子程序来响应键盘输入的要求。在执行键功能程序时,CPU 不再响应其他键输入要求,直到 CPU 重新扫描键盘为止。键盘扫描程序一般应包括以下步骤:

① 判别有无键按下。

② 键盘扫描取得闭合键的行、列值。

③ 用计算法或查表法得到键值。

④ 判断闭合键是否释放,若没释放则继续等待。

⑤ 将闭合键键号保存,同时转去执行该闭合键的功能。

（2）定时扫描方式

定时扫描方式就是每隔一段时间对键盘扫描一次,当定时时间到,CPU 响应中断后对键盘进行扫描,并在有键按下时识别出该键,再执行该键的功能程序。定时扫描方式的硬件电路与编程扫描方式的基本相同。

（3）中断扫描方式

采用上述两种键盘扫描方式时,无论是否按键,CPU 都要定时扫描键盘,因此,CPU 可能经常处于空扫描状态,为提高 CPU 工作效率,可采用中断扫描方式,其工作过程如下:当无键按下时,CPU 处理自己的工作,当有键按下时,产生中断请求,CPU 转去执行键盘扫描程序,并识别键号。

4. PC 键盘

PC 键盘一般由矩阵键盘和以单片机或专用控制器为核心的键盘控制电路组成,被称为智能键盘。单片机通过执行固化在 ROM 中的键盘管理和扫描程序,对矩阵键盘进行扫描,发现、识别按键的位置,形成与按键位置对应的扫描码,并以串行方式将其送给微机主板上的键盘接口电路,供系统使用。

PC 键盘采用非编码键盘原理,包括两部分:一部分组装在键盘盒内部,称为键盘电路;另一部分安装在主机板上,称为键盘接口电路。

识别键盘上的键是否按下时,通过扫描码就能唯一地确定哪个键改变了状态。扫描码从 01(Esc)到 83(Del),或从 01H 到 53H。当在键盘上"按下"或"放开"一个键时,如果键盘中断是允许的(21H 端口第 1 位为 0),就会产生一个类型 9 的中断,并转入 BIOS 的键盘中断处理程序。该处理程序从可编程外围接口芯片 8255A 的输入端口 60H 读取一字节,这个字节的低 7 位是键的扫描码,最高位为 0 或 1,分别表示键是"按下"状态还是"放开"状态,按下时取得的字节称为接通扫描码,放开时取得的字节称为断开扫描码。例如,按下"Esc"键时产生一个为 01H(00000001B)的接通扫描码,放开"Esc"键时产生一个为 81H(10000001B)的断开扫描码。

键盘电路是以单片机为核心的键盘扫描电路。系统加电后,固化在单片机中的键盘扫描程序周期地扫描每一个按键,一旦有按键按下,键盘扫描程序立即识别闭合键的行列位置,然后通过信号线串行地发出闭合键的接通扫描码。闭合键断开后,键盘电路发出该键的断开扫描码。

位于主机内的键盘接口电路用单片机作为接口控制器,在单片机软件的支持下,完成下列任务:接收来自键盘电路的按键扫描码;对串行数据进行奇偶校验;完成串/并转换;将表示行列位置的扫描码转换成系统扫描码。转换完毕后,由键盘接口电路向主8259A IR₁端提出中断请求。

CPU 响应键盘中断后,转入键盘中断处理程序,主要完成以下工作:开中断,保护现场,从键盘接口电路(端口地址为 60H)读取按键扫描码,对扫描码进行分析(译码)、处理,生成相应的键代码存入键盘缓冲区,最后恢复现场,向 8259A 发出中断结束命令,中断返回。

综上所述,整个键盘处理程序由查询程序、传送程序、译码程序三部分组成,工作过程总结如下。

① 主程序首先调用查询程序,通过查询接口逐行扫描键位矩阵,同时检测行列的输出,由行与列的交连信号确定闭合键的坐标,即得到闭合键对应的扫描码。

② 主程序调用传送程序将得到的扫描码传送给位于主机内的键盘接口电路。

③ 主程序调用译码程序将键盘接口内的扫描码翻译为相应键的编码信息。

④ 在需要的时候,键盘接口电路把上述编码信息传送给主机。

1.6.4　典型案例

仿真电路如图 1.6.6 所示。采用 74LS373 作为地址锁存器,保存端口地址,将 8255A 的片选信号$\overline{CS}$直接接地,使其处于有效状态。在程序中设定 PB 为输入端口,PA 为输出端口。电路将 8 个开关的状态通过 8255A 的 PB 口送入 CPU,经过处理后,将数据从 8255A 的 PA 口送出到发光二极管进行显示。例如,若开关 K₀ 处于闭合状态,则发光二极管 D₁ 应处于发光状态。

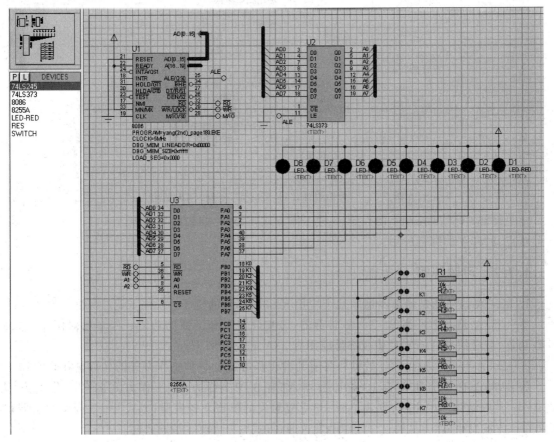

图 1.6.6　8255A 读取开关状态并显示仿真电路

以上案例中所使用的程序代码如下所示。

```
CODE SEGMENT 'CODE'
    ASSUME CS:CODE
START:                      ;假设A口、B口、C口及控制端口地址分别为20H、22H、24H、26H
    MOV AL,82H              ;控制字10000010B,A口输出(初始输出全为0),B口输入
    OUT 26H,AL             ;送控制端口
N: IN AL,22H                ;从B口读入
    OUT 20H,AL             ;从A口输出
    JMP N
CODE ENDS
```

1.7 可编程计数器/定时器8253A(教材第7章)学习辅导

1.7.1 知识点梳理

可编程计数器/定时器8253A知识结构如图1.7.1所示。

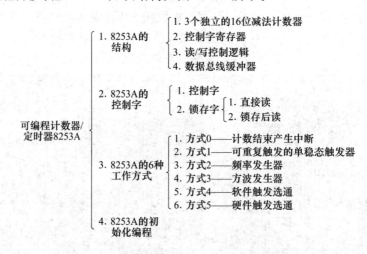

图 1.7.1 可编程计数器/定时器8253A知识结构

重点:8253A方式控制字的设定,6种工作方式,8253A的初始化编程。

难点:8253A的综合应用。

1.7.2 习题解答

1. 8253A的功能是什么?请举几个应用8253A芯片的例子。

答:8253A是一个可编程定时器/计数器,可实现定时和计数的功能。停车场对停车个数的计数功能、交通信号灯的定时功能都是应用8253A芯片的例子。

2. 8253A有几个独立的计数器?各有几种工作方式?各种工作方式的名称是什么?

答:8253A有3个独立的16位计数器,都有6种工作方式,工作方式的名称分别为:方式0——计数结束产生中断;方式1——可重复触发的单稳态触发器;方式2——频率发生器;方式3——方波发生器;方式4——软件触发选通;方式5——硬件触发选通。

3. 若8253A的端口地址是26C0H,请画出它和PC总线连接的电路示意图。假设计数器

8253A 端口的起始地址为 280H。

答:若采用 8086 CPU 与 8253A 相连,则 8253A 的 4 个端口地址分别设计为 26C0H、26C2H、26C4H 和 26C6H,和总线连接的电路示意图如图 1.7.2 所示。

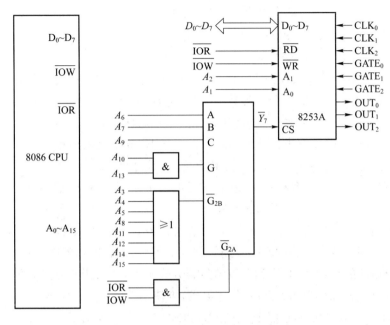

图 1.7.2　与 8086 CPU 连接的电路示意图

若采用 8088 CPU 与 8253A 相连,则 8253A 的 4 个端口地址分别设计为 26C0H、26C1H、26C2H 和 26C3H,和总线连接的电路示意图如图 1.7.3 所示。

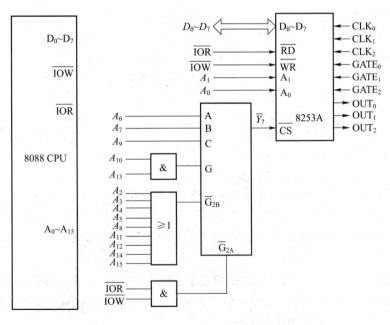

图 1.7.3　与 8088 CPU 连接的电路示意图

4. 8253A 中计数器 2 的输入、输出是什么? 假设计数器 8253A 工作在方式 4 下,其装入初值为 200H,问选通脉冲输出时有多长的时间延迟?

答:8253A 中 3 个计数器 0、1 和 2 有完全相同的结构,输入的是时钟信号 CLK 和门控信号 GATE,输出的是 OUT 信号。依据设计的工作方式不同,其输出的波形也不同。

若时钟信号的周期为 T_c,在门控信号 GATE 有效的前提下,采用二进制计数时,选通脉冲输出的时间延迟为 $200H \times T_c$,采用十进制计数时,选通脉冲输出的时间延迟为 $200 \times T_c$。

5. 若写入的计数初值相同,8253A 方式 0 和方式 1 的不同之处是什么?

答:主要不同之处有以下 4 个方面。

输出信号 OUT 不同。写入控制字 CW 且在 GATE 信号有效的前提下,方式 0 的 OUT 信号为低,并一直保持到写入计数初值和计数结束后变为高电平。方式 1 的 OUT 信号在写入 CW 后为高,直到写入计数初值开始变低,并保持到计数结束后恢复为高。

门控信号 GATE 影响计数过程结果不同。方式 0 下,若在计数过程中 GATE 信号变低,则会暂停当前计数过程,直到 GATE 信号变为高电平,计数过程断续到结束。方式 1 下,若在计数过程中 GATE 信号出现由低到高的跳变,则停止原来的计数过程并重新开始新的计数过程,OUT 端保持为低不变直到新的计数过程结束。

启动方式不同。方式 0 为软件启动,且不可重复。方式 1 为硬件启动,且可重复。

在计数过程中写入新的初值的影响不同。方式 0 下,写入新的初值则会停止当前计数过程,并以新的初值开始新的计数过程,直到计数结束。方式 1 下,写入新的初值不会影响当前的计数过程,当前计数过程结束后,利用 GATE 信号触发,可使用新的计数初值开始计数。

6. 8253A 计数器工作在哪些方式时,是 GATE 的上升沿启动计数?

答:方式 1(可重复的单稳态触发器)和方式 5(硬件触发选通)。

7. 设 8253A 3 个计数器的端口地址为 200H、201H、202H,控制寄存器的端口地址为 203H。试编写程序段,读出计数器 2 的内容,并把读出的数据装入寄存器 AX。

答:汇编程序段如下所示。

```
MOV DX,203H        ;采用 I/O 的寄存器间接访问,送控制寄存器地址
MOV AL,10000000B   ;D7D6=10 表示计数器 2,D5D4=00 表示锁存命令
                   ;D3～D0 取任意值,无意义,这里指定为 0000
OUT DX,AL          ;送控制寄存器进行锁存
MOV DX,202H        ;送计数器 2 端口地址
IN AL,DX           ;读入低 8 位到 AL
MOV AH,AL          ;暂存低 8 位到 AH
IN AL,DX           ;读入高 8 位到 AL
XCHG AH,AL         ;交换低 8 位和高 8 位,结果装入寄存器 AX
```

8. 设 8253A 3 个计数器的端口地址为 40H、41H、42H,控制寄存器的端口地址为 43H。输入时钟频率为 2 MHz,使计数器 1 周期性地发出脉冲,其脉冲周期为 1 ms,试编写初始化程序段。

答:根据题目要求,应设置 8253A 的计数器 1 工作在方式 2(频率发生器),可产生周期性的脉冲。计数初值为 $1 \text{ ms} \times 2 \text{ MHz} = 2000$,采用二进制计数方式,先写低 8 位再写高 8 位,则控制字格式为 01110100B。初始化程序如下所示。

```
MOV AL,01110100B   ;D7D6=01 表示计数器 1,D5D4=11 表示先低后高
                   ;D3～D1=010 表示方式 2,D0=0 表示二进制计数
OUT 43H,AL
```

```
MOV AX,2000
OUT 41H,AL                    ;送低 8 位初值
MOV AL,AH                     ;将高 8 位送入 AL
OUT 41H,AL                    ;送高 8 位初值
```

9. 设 8253A 计数器的输入时钟频率为 1.91 MHz,为产生 25 kHz 的方波输出信号,应向计数器装入的计数初值为多少?

答:1.91 MHz/25 kHz＝76.4,因此计数初值指定为 76。

10. 结合本章的案例,修改相应的电路图和源代码,实现同时在两个路口的数码管上显示剩余的秒数。

答:根据题目要求,将 8255A 的 B 口作为 LED 七段码的输出,同时连接到两个路口的 LED 灯进行显示。仿真电路如图 1.7.4 所示。

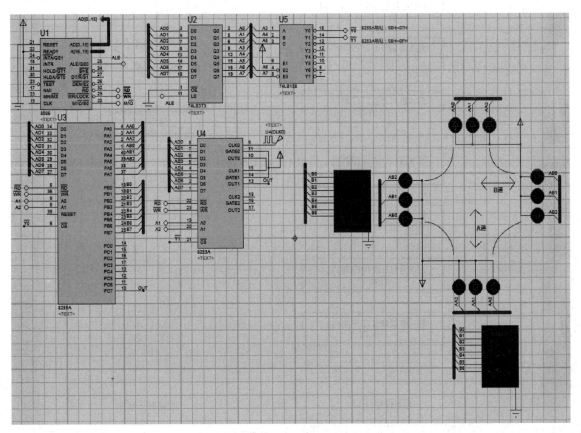

图 1.7.4 同时显示剩余秒数的仿真电路

同时显示交通信号灯剩余秒数

仿真电路对应的程序流程图如图 1.7.5 所示。

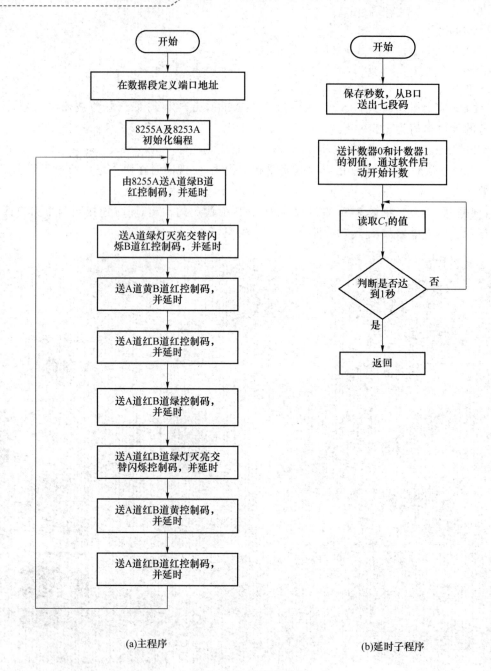

(a)主程序   (b)延时子程序

图 1.7.5　程序流程图

编写完整汇编程序代码,如下所示。

```
CODE SEGMENT 'CODE'
     ASSUME CS:CODE,DS:DATAS
START:
     MOV AX,DATAS
     MOV DS,AX
     ;8255A 的初始化
     MOV AL,88H          ;控制字 10001000B,方式 0,A 口输出,C 口高 4 位输入
                         ;B 口输出,C 口低 4 位输出
```

```
        MOV DX,CT_PORT
        OUT DX,AL              ;送控制端口

        ;8253A 计数器 0 的初始化
        MOV AL,36H             ;控制字 00110110B,计数器 0,方式 3,二进制
        MOV DX,CT1_PORT
        OUT DX,AL              ;送控制端口

        ;8253A 计数器 1 的初始化
        MOV AL,70H             ;控制字 01110000B,计数器 1,方式 0,二进制
        MOV DX,CT1_PORT
        OUT DX,AL              ;送控制端口
        ;********************** 主程序开始 **********************
        ;A 道绿灯放行,B 道红灯禁止
LP:     MOV AL,0F3H            ;11110011B,A 道(PA2)绿灯亮,B 道(PA3)红灯亮
        MOV DX,A_PORT
        OUT DX,AL             ;从 A 口输出
        MOV CX,15
DP1:CALL DELAY
        LOOP DP1
        ;A 道绿灯闪烁,B 道红灯禁止
        MOV AL,0F7H           ;11110111B,A 道(PA2)绿灯灭,B 道(PA3)红灯亮
        MOV DX,A_PORT
        OUT DX,AL            ;从 A 口输出
        CALL DELAY
        MOV AL,0F3H          ;11110011B,A 道(PA2)绿灯亮,B 道(PA3)红灯亮
        MOV DX,A_PORT
        OUT DX,AL           ;从 A 口输出
        CALL DELAY
        MOV AL,0F7H         ;11110111B,A 道(PA2)绿灯灭,B 道(PA3)红灯亮
        MOV DX,A_PORT
        OUT DX,AL          ;从 A 口输出
        CALL DELAY
        MOV AL,0F3H        ;11110011B,A 道(PA2)绿灯亮,B 道(PA3)红灯亮
        MOV DX,A_PORT
        OUT DX,AL         ;从 A 口输出
        CALL DELAY
        MOV AL,0F7H       ;11110111B,A 道(PA2)绿灯灭,B 道(PA3)红灯亮
        MOV DX,A_PORT
        OUT DX,AL        ;从 A 口输出
        CALL DELAY
        MOV AL,0F3H      ;11110011B,A 道(PA2)绿灯亮,B 道(PA3)红灯亮
        MOV DX,A_PORT
        OUT DX,AL       ;从 A 口输出
```

```
            CALL DELAY
            MOV AL,0F7H        ;11110111B,A道(PA₂)绿灯灭,B道(PA₃)红灯亮
            MOV DX,A_PORT
            OUT DX,AL          ;从A口输出
            CALL DELAY


            ;A道黄灯亮,B道红灯禁止
            MOV AL,0F5H        ;11110101B,A道(PA₁)黄灯亮,B道(PA₃)红灯亮
            MOV DX,A_PORT
            OUT DX,AL          ;从A口输出
            ;延时3 s
            MOV CX,3
   DP2:CALL DELAY
            LOOP DP2


            ;A道红灯亮,B道红灯禁止
            MOV AL,0F6H        ;11110110B,A道(PA₀)红灯亮,B道(PA₃)红灯亮
            MOV DX,A_PORT
            OUT DX,AL          ;从A口输出
            ;延时3 s
            MOV CX,3
   DP3:CALL DELAY
            LOOP DP3


            ;A道红灯禁止,B道绿灯放行
            MOV AL,0DEH        ;11011110B,A道(PA₀)红灯亮,B道(PA₅)绿灯亮
            MOV DX,A_PORT
            OUT DX,AL          ;从A口输出
            ;延时10 s
            MOV CX,10
   DP4:CALL DELAY
            LOOP DP4


            ;A道红灯禁止,B道绿灯闪烁
            MOV AL,0FEH        ;11111110B,A道(PA₀)红灯亮,B道(PA₅)绿灯灭
            MOV DX,A_PORT
            OUT DX,AL          ;从A口输出
            CALL DELAY
            MOV AL,0DEH        ;11011110B,A道(PA₀)红灯亮,B道(PA₅)绿灯亮
            MOV DX,A_PORT
            OUT DX,AL          ;从A口输出
            CALL DELAY
            MOV AL,0FEH        ;11111110B,A道(PA₀)红灯亮,B道(PA₅)绿灯灭
            MOV DX,A_PORT
```

```
        OUT DX,AL            ;从 A 口输出
        CALL DELAY
        MOV AL,0DEH          ;11011110B,A 道(PA0)红灯亮,B 道(PA5)绿灯亮
        MOV DX,A_PORT
        OUT DX,AL            ;从 A 口输出
        CALL DELAY
        MOV AL,0FEH          ;11111110B,A 道(PA0)红灯亮,B 道(PA5)绿灯灭
        MOV DX,A_PORT
        OUT DX,AL            ;从 A 口输出
        CALL DELAY
        MOV AL,0DEH          ;11011110B,A 道(PA0)红灯亮,B 道(PA5)绿灯亮
        MOV DX,A_PORT
        OUT DX,AL            ;从 A 口输出
        CALL DELAY
        MOV AL,0FEH          ;11111110B,A 道(PA0)红灯亮,B 道(PA5)绿灯灭
        MOV DX,A_PORT
        OUT DX,AL            ;从 A 口输出
        CALL DELAY

        ;A 道红灯禁止,B 道黄灯亮
        MOV AL,0EEH          ;11101110B,A 道(PA0)红灯亮,B 道(PA4)黄灯亮
        MOV DX,A_PORT
        OUT DX,AL            ;从 A 口输出
        ;延时 3 s
        MOV CX,3
DP5:    CALL DELAY
        LOOP DP5

        ;A 道红灯禁止,B 道红灯亮
        MOV AL,0F6H          ;11110110B,A 道(PA0)红灯亮,B 道(PA3)红灯亮
        MOV DX,A_PORT
        OUT DX,AL            ;从 A 口输出
        ;延时 3 s
        MOV CX,3
DP6:    CALL DELAY
        LOOP DP6
        JMP LP
        ;********************* 主程序结束 *********************
        ;1 s 精确延时
DELAY PROC
        ;保存剩余秒数
        MOV BX,CX
        ;从 PB 口输出剩余秒数到 LED
        LEA SI,TAB
```

103

```
        ADD BX,SI
        MOV AL,[BX]
        OUT B_PORT,AL

        ;设置计数器 0 的初值
        MOV AX,1000
        OUT A1_PORT,AL
        MOV AL,AH
        OUT A1_PORT,AL

        ;设置计数器 1 的初值
        MOV AX,1000
        OUT B1_PORT,AL
        MOV AL,AH
        OUT B1_PORT,AL

        ;判断计数时间是否达到 1 s
N:      IN AL,C_PORT
        AND AL,80H
        CMP AL,80H
        JNZ N
        RET
DELAY ENDP
        JMP $
CODE ENDS

DATAS SEGMENT
        ;七段码
        TAB DB   3FH,06H,5BH,4FH,66H,6DH,7DH,07H,7FH,67H,
                 77H,7CH,39H,5EH,79H,71H
        ;8255A 的端口地址
        A_PORT EQU      00H
        B_PORT EQU      02H
        C_PORT EQU      04H
        CT_PORT EQU     06H

        ;8253A 的端口地址
        A1_PORT EQU     08H
        B1_PORT EQU     0AH
        C1_PORT EQU     0CH
        CT1_PORT EQU    0EH
DATAS ENDS
        END START
```

11. 在上一题的基础上,修改相应的电路图和源代码,将剩余秒数用两位数码管显示。

答:根据题目要求,需要增加一个 8255A 用于输出剩余秒数的十位数字,并通过 74LS138 译码器增加一个新的片选信号$\overline{Y}_2$,用以选中新增加的 8255A。仿真电路如图 1.7.6 所示。

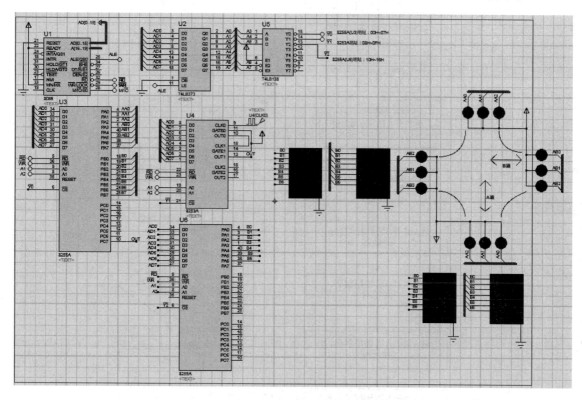

图 1.7.6 两位数码管显示剩余秒数的仿真电路

对应的程序流程图如图 1.7.7 所示。该流程图和上一题流程图的区别仅在于在延时子程序中增加了将剩余秒数分开成十位和个位的处理过程。

编写完整的汇编程序代码,如下所示。

同时显示两位
剩余秒数

```
CODE SEGMENT 'CODE'
    ASSUME CS:CODE,DS:DATAS
START:
    MOV AX,DATAS
    MOV DS,AX
    ;8255A(U3)的初始化
    MOV AL,88H        ;控制字 10001000B,方式 0,A 口输出,C 口高 4 位输入
                      ;B 口输出,C 口低 4 位输出
    MOV DX,CT_PORT
    OUT DX,AL         ;送控制端口

    ;8255A(U6)的初始化
    MOV AL,88H        ;控制字 10001000B,方式 0,A 口输出,C 口高 4 位输入
                      ;B 口输出,C 口低 4 位输出
    MOV DX,CTT_PORT
    OUT DX,AL         ;送控制端口
```

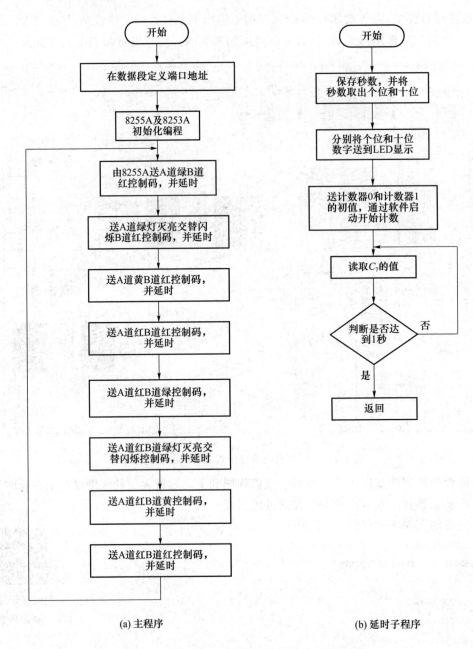

(a) 主程序　　　　　　　　　　　　　(b) 延时子程序

图 1.7.7　两位数码管显示剩余秒数的程序流程图

```
;8253A 计数器 0 的初始化
MOV AL,36H          ;控制字 00110110B,计数器 0,方式 3,二进制
MOV DX,CT1_PORT
OUT DX,AL           ;送控制端口


;8253A 计数器 1 的初始化
MOV AL,70H          ;控制字 01110000B,计数器 1,方式 0,二进制
MOV DX,CT1_PORT
```

```
        OUT DX,AL              ;送控制端口


        ;*********************主程序开始*********************
        ;A道绿灯放行,B道红灯禁止
LP:     MOV AL,0F3H           ;11110011B,A道(PA2)绿灯亮,B道(PA3)红灯亮
        MOV DX,A_PORT
        OUT DX,AL             ;从A口输出


        MOV CX,15
DP1:CALL DELAY
        LOOP DP1
        ;A道绿灯闪烁,B道红灯禁止
        MOV AL,0F7H           ;11110111B,A道(PA2)绿灯灭,B道(PA3)红灯亮
        MOV DX,A_PORT
        OUT DX,AL             ;从A口输出
        CALL DELAY
        MOV AL,0F3H           ;11110011B,A道(PA2)绿灯亮,B道(PA3)红灯亮
        MOV DX,A_PORT
        OUT DX,AL             ;从A口输出
        CALL DELAY
        MOV AL,0F7H           ;11110111B,A道(PA2)绿灯灭,B道(PA3)红灯亮
        MOV DX,A_PORT
        OUT DX,AL             ;从A口输出
        CALL DELAY
        MOV AL,0F3H           ;11110011B,A道(PA2)绿灯亮,B道(PA3)红灯亮
        MOV DX,A_PORT
        OUT DX,AL             ;从A口输出
        CALL DELAY
        MOV AL,0F7H           ;11110111B,A道(PA2)绿灯灭,B道(PA3)红灯亮
        MOV DX,A_PORT
        OUT DX,AL             ;从A口输出
        CALL DELAY
        MOV AL,0F3H           ;11110011B,A道(PA2)绿灯亮,B道(PA3)红灯亮
        MOV DX,A_PORT
        OUT DX,AL             ;从A口输出
        CALL DELAY
        MOV AL,0F7H           ;11110111B,A道(PA2)绿灯灭,B道(PA3)红灯亮
        MOV DX,A_PORT
        OUT DX,AL             ;从A口输出
        CALL DELAY


        ;A道黄灯亮,B道红灯禁止
        MOV AL,0F5H           ;11110101B,A道(PA1)黄灯亮,B道(PA3)红灯亮
        MOV DX,A_PORT
```

```
        OUT DX,AL              ;从 A 口输出


        ;延时 3 s
        MOV CX,3
DP2:CALL DELAY
        LOOP DP2


        ;A 道红灯亮,B 道红灯禁止
        MOV AL,0F6H            ;11110110B,A 道(PA₀)红灯亮,B 道(PA₃)红灯亮
        MOV DX,A_PORT
        OUT DX,AL              ;从 A 口输出


        ;延时 3 s
        MOV CX,3
DP3:CALL DELAY
        LOOP DP3
        ;A 道红灯禁止,B 道绿灯放行
        MOV AL,0DEH            ;11011110B,A 道(PA₀)红灯亮,B 道(PA₅)绿灯亮
        MOV DX,A_PORT
        OUT DX,AL              ;从 A 口输出


        ;延时 10 s
        MOV CX,10
DP4:CALL DELAY
        LOOP DP4


        ;A 道红灯禁止,B 道绿灯闪烁
        MOV AL,0FEH            ;11111110B,A 道(PA₀)红灯亮,B 道(PA₅)绿灯灭
        MOV DX,A_PORT
        OUT DX,AL              ;从 A 口输出
        CALL DELAY
        MOV AL,0DEH            ;11011110B,A 道(PA₀)红灯亮,B 道(PA₅)绿灯亮
        MOV DX,A_PORT
        OUT DX,AL              ;从 A 口输出
        CALL DELAY
        MOV AL,0FEH            ;11111110B,A 道(PA₀)红灯亮,B 道(PA₅)绿灯灭
        MOV DX,A_PORT
        OUT DX,AL              ;从 A 口输出
        CALL DELAY
        MOV AL,0DEH            ;11011110B,A 道(PA₀)红灯亮,B 道(PA₅)绿灯亮
        MOV DX,A_PORT
        OUT DX,AL              ;从 A 口输出
        CALL DELAY
        MOV AL,0FEH            ;11111110B,A 道(PA₀)红灯亮,B 道(PA₅)绿灯灭
```

```
    MOV DX,A_PORT
    OUT DX,AL           ;从 A 口输出
    CALL DELAY
    MOV AL,0DEH         ;11011110B,A 道(PA0)红灯亮,B 道(PA5)绿灯亮
    MOV DX,A_PORT
    OUT DX,AL           ;从 A 口输出
    CALL DELAY
    MOV AL,0FEH         ;11111110B,A 道(PA0)红灯亮,B 道(PA5)绿灯灭
    MOV DX,A_PORT
    OUT DX,AL           ;从 A 口输出
    CALL DELAY


    ;A 道红灯禁止,B 道黄灯亮
    MOV AL,0EEH         ;11101110B,A 道(PA0)红灯亮,B 道(PA4)黄灯亮
    MOV DX,A_PORT
    OUT DX,AL           ;从 A 口输出


    ;延时 3 s
    MOV CX,3
DP5:CALL DELAY
    LOOP DP5


    ;A 道红灯禁止,B 道红灯亮
    MOV AL,0F6H         ;11110110B,A 道(PA0)红灯亮,B 道(PA3)红灯亮
    MOV DX,A_PORT
    OUT DX,AL           ;从 A 口输出


    ;延时 3 s
    MOV CX,3
DP6:CALL DELAY
    LOOP DP6



    JMP LP
    ;*********************主程序结束*********************
    ;1 s 精确延时
DELAY PROC
    ;保存剩余秒数
    MOV AX,CX
    ;计算剩余秒数的十位和个位
    MOV BL,10
    DIV BL              ;商在 AL,余数在 AH
    MOV BL,AH           ;余数放到 BL 中
    MOV BH,0
```

```
        MOV DL,AL              ;商放到 DL 中
        MOV DH,0
        ;从 U₃ 的 PB 口输出个位到 LED
        LEA SI,TAB
        ADD BX,SI
        MOV AL,[BX]
        OUT B_PORT,AL
        ;从 U₆ 的 PA 口输出十位到 LED
        LEA SI,TAB
        MOV BX,DX              ;将 DX 中存放的十位数字放到 BX 中
        ADD BX,SI
        MOV AL,[BX]
        OUT AA_PORT,AL


        ;设置计数器 0 的初值
        MOV AX,1000
        OUT A1_PORT,AL
        MOV AL,AH
        OUT A1_PORT,AL


        ;设置计数器 1 的初值
        MOV AX,1000
        OUT B1_PORT,AL
        MOV AL,AH
        OUT B1_PORT,AL


        ;判断计数时间是否达到 1 s
N:      IN AL,C_PORT
        AND AL,80H
        CMP AL,80H
        JNZ N
        RET
DELAY ENDP
        JMP $
CODE ENDS

DATAS SEGMENT
        ;七段码
        TAB DB   3FH,06H,5BH,4FH,66H,6DH,7DH,07H,7FH,67H,
                 77H,7CH,39H,5EH,79H,71H
        ;8255A(U₃)的端口地址
        A_PORT EQU    00H
        B_PORT EQU    02H
```

```
        C_PORT    EQU    04H
        CT_PORT   EQU    06H

        ;8253A 的端口地址
        A1_PORT   EQU    08H
        B1_PORT   EQU    0AH
        C1_PORT   EQU    0CH
        CT1_PORT  EQU    0EH

        ;8255A(U₆)的端口地址
        AA_PORT   EQU    10H
        BB_PORT   EQU    12H
        CC_PORT   EQU    14H
        CTT_PORT  EQU    16H
DATAS ENDS
        END START
```

1.7.3　典型案例

例 1　在 IBM-PC 系统板上使用了一片 8253A 定时器/计数器,其计数器 0 用于为系统的电子钟提供时间基准,其输出端作为系统的中断源,接到 8259A 的 IR_0 端,计数器 1 用于 DRAM 的定时刷新,计数器 2 主要用作机内扬声器的音频信号源,可输出不同频率的方波信号。图 1.7.8 是 8253A 的连接简图,其接口地址采用部分译码方式,占用的设备端口地址为 40H～5FH,本例编程中用到了其中的 40H～43H 这 4 个地址。3 个计数器的输入时钟频率均为 1.19 MHz。

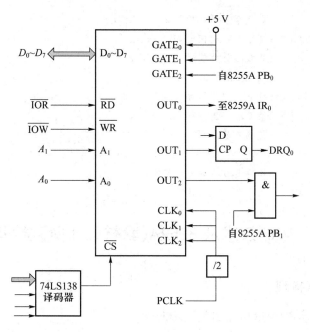

图 1.7.8　8253A 的连接简图

由于计数器 0 的作用是为系统提供时间基准,将其初始化为方式 3,产生周期的方波信号,计数初值选为最大计数值,即十六进制的 0000H(65536)。根据方式 3 的工作原理可知,OUT_0 输出方波信号的频率为 1.19 MHz/65536≈18.2 Hz。由于 OUT_0 与 8259A 的中断请求输入线 IR_0 相连接,因此每秒将会产生 18.2 次中断请求,该中断请求用于维护系统的日历钟。

计数器 1 初始化为方式 2,计数初值取 18,18/1.19 MHz≈15 μs,即每 15 微秒对 DRAM 刷新一次。

计数器 2 初始化为方式 3,控制扬声器发出频率为 1 kHz 的声音,故取时间常数为 1190。PC 中,要使扬声器发声,还必须使 8255A 的 PB_1 和 PB_0 输出高电平(设 8255A 的 B 口地址为 61H)。IBM-PC 中 8253A 的初始化程序如下。

```
;计数器 0 初始化
    MOV   AL,36H      ;选择计数器 0,写双字节计数器,方式 3,二进制计数
    OUT   43H,AL      ;控制字写入控制寄存器
    MOV   AL,0        ;选最大计数值(65536)
    OUT   40H,AL      ;写低 8 位计数值
    OUT   40H,AL      ;写高 8 位计数值
;计数器 1 初始化
    MOV   AL,54H      ;选择计数器 1,低 8 位单字节计数值,方式 2,二进制计数
    OUT   43H,AL
    MOV   AL,18
    OUT   41H,AL      ;计数值写入计数器 1
;计数器 2 初始化
    MOV   AL,0B6H     ;选择计数器 2,双字节计数值,方式 3,二进制计数
    OUT   43H,AL
    MOV   AX,1190
    OUT   42H,AL      ;送低字节到计数器 2
    MOV   AL,AH       ;高字节计数值送 AL
    OUT   42H,AL      ;高 8 位计数值写入计数器 2
    IN    AL,61H      ;读 8255A 的 B 口
    MOV   AH,AL       ;将 B 口内容保存
    OR    AL,03       ;使 PB0 = PB1 = 1
    OUT   61H,AL      ;使扬声器发声
          ⋮
    MOV   AL,AH       ;恢复 8255A 的 B 口状态
    OUT   61H,AL
```

1.8 中断技术及 8259A(教材第 8 章)学习辅导

1.8.1 知识点梳理

中断技术及 8259A 知识结构如图 1.8.1 所示。

重点:中断处理过程,中断向量及中断向量表,8259A 的中断管理方式,8259A 的初始化及编程,中断服务程序的设计。

难点:中断处理过程,中断向量表的初始化,8259A 的综合应用。

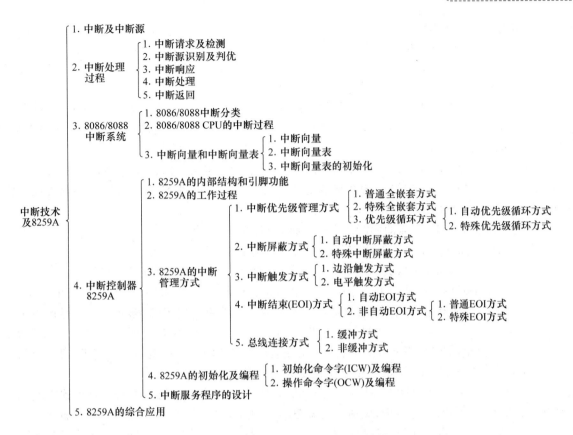

图 1.8.1　中断技术及 8259A 知识结构

1.8.2　习题解答

1. 什么是中断？简述中断的一般过程。

答：中断是指 CPU 在执行程序过程中，由于外部或内部随机事件，暂时停止正在执行的程序而转去执行一个用于处理该事件的程序——称为中断处理程序，待处理结束后，又返回被中止的程序断点继续执行。

中断处理过程都要经历以下步骤：中断请求及检测→中断源识别及判优→中断响应→中断处理→中断返回。

2. CPU 响应外设可屏蔽中断请求的条件是什么？

答：中断响应过程是暂时停止当前程序的执行，进行断点保护并从当前程序跳转到中断服务程序的过程。CPU 响应外设可屏蔽中断（INTR）请求，必须满足下列 4 个条件。

① 当前执行的指令结束。CPU 在每条指令执行的最后一个时钟周期对中断请求进行检测，当满足本条件和以下 3 个条件时，指令执行一结束，CPU 即可响应中断。

② CPU 处于开中断状态。只有 CPU 的 IF＝1，即处于开中断状态时，CPU 才有可能响应可屏蔽中断请求〔对不可屏蔽中断（NMI）及内部中断无此要求〕。

③ 没有复位（RESET）、保持（HOLD）、内部中断和不可屏蔽中断。在复位或保持状态，CPU 不工作，不可能响应中断请求；而 NMI 的优先级高于 INTR，当两者同时产生时，CPU 首先响应 NMI。

④ 若当前执行的是开中断指令（STI）和中断返回指令（IRET），只有在它们执行完成后再执

行一条指令才能响应 INTR 请求。

3. 什么是硬件中断和软件中断？在 PC 中两者的处理过程有什么不同？

答：硬件中断是指由外部设备通过硬件请求的方式产生的中断，也称外部中断。外部中断又可分为可屏蔽中断和不可屏蔽中断。

软件中断是来自 CPU 内部的中断，也称内部中断，主要包括下列情况：首先是 CPU 执行指令时产生的异常，如被 0 除、溢出、断点、单步操作等；其次是特殊操作引起的程序运行异常错误，如存储器越界、缺页等；再次是由程序员安排在程序中的 INT n 软件中断指令。

CPU 对不同类型中断的处理过程不同。除法错、溢出、断点、单步及 NMI 的中断类型码均由 CPU 内部硬件产生；其他软件中断指令的中断类型码包含在指令中；INTR 的中断类型码由外设提供，CPU 从数据总线上读取。

4. 在 8086 系统中，下面的中断请求优先级最高的是哪一个？

① NMI　　　②INTR　　　③内部硬件中断　　　④单步中断

答：优先级由高到低依次为③内部硬件中断＞①NMI＞②INTR＞④单步中断。

5. 中断服务程序结束时，用指令 RET 代替指令 IRET 能否返回主程序？这样做存在什么问题？

答：不能。返回地址不同。IRET 是在中断服务程序结束时使用，其返回的地址是产生中断请求时的 CS 和 IP 的值。由于中断请求产生的随机性，其返回值不是一个固定的值。RET 指令用于子程序执行结束时的返回，而子程序的调用是使用 CALL 指令，其存在一个明确的使用位置，即子程序返回时的 CS 和 IP 的值是确定的。

6. 简述什么是中断向量、中断向量表、中断类型码，以及它们之间的关系。对于软中断指令 INT 30H，其中断类型码为多少，该中断的服务程序的入口地址在内存单元的什么位置？

答：中断向量是指中断服务程序的入口地址。中断向量表是指所有中断服务程序的入口地址按顺序存放在内存的固定区域。中断类型码是给每个中断源分配的一个中断类型编码。

中断向量表由若干中断向量组成，中断类型码为 n 的中断向量在中断向量表中的逻辑地址为：段基地址＝0000H，偏移地址＝中断类型码 $n \times 4$，并占据从 $4n$ 开始的 4 个字节单元。

在软中断指令 INT 30H 中，中断类型码在指令中给出，即为 30H。对应的入口地址即中断向量为 0000H：30H×4＝000C0H。

7. 简述 8259A 的内部结构和主要功能。8259A 的中断屏蔽寄存器 IMR 与 8086 中断允许标志 IF 有什么区别？

答：8259A 的内部结构主要包括中断请求寄存器 IRR、中断服务寄存器 ISR、中断屏蔽寄存器 IMR、优先权判优电路 PR、中断控制逻辑、数据总线缓冲器、读/写电路和级联缓冲/比较器等。

8259A 是 Intel 公司专为 80×86 CPU 控制外部中断而设计开发的芯片。它将中断源识别、中断源优先级判优和中断屏蔽电路集于一体，不需要附加任何电路就可以对外部中断进行管理。8259A 的主要功能有：

① 单片可以管理 8 级外部中断，9 片级联方式下可以管理多达 64 级的外部中断。

② 对任何一个优先级别的中断源都可单独进行屏蔽设置，即屏蔽和取消屏蔽。

③ 能向 CPU 提供中断类型码。这个功能可以使不能提供中断类型码的可编程接口芯片 8255A、8253A、8251A 等采用中断方式。

④ 具有多种中断优先权管理方式。有完全嵌套方式、自动循环方式、特殊循环方式、特殊屏蔽方式和查询方式 5 种，这些管理方式均可通过程序动态地进行设置。

IMR 是一个 8 位寄存器，用来存放 $IR_7 \sim IR_0$ 的中断屏蔽位。中断屏蔽位用于控制 $IR_7 \sim IR_0$ 中的某一位或某几位的中断请求是否允许中断。IF 是中断允许标志，针对所有的可屏蔽中断同时进行设置,IF＝0 表示关闭所有可屏蔽中断,IF＝1 表示开放所有可屏蔽中断。

8. 中断控制系统由 3 片 8259A 级联而成,两片从 8259A 分别接入主 8259A 的 IR_3 和 IR_4 端。

① 考虑 8 位数据的 8259A 如何与 16 位数据的 8086 CPU 系统相连接。

② 简述主、从 8259A 硬件接线的电位特点,以及 CAS 信号端的作用。

③ 画出系统的硬件连接。

④ 确定该系统最多可接收的中断源数量。

⑤ 若已知中断类型码和中断向量,采用电平触发方式,完全嵌套,普通 EOI,试编写全部初始化程序。

答:① 8259A 的 A_0 和系统的 AD_1 相连,$D_0 \sim D_7$ 和系统的 $AD_0 \sim AD_7$ 相连,读/写控制信号 $\overline{RD}$ 和 $\overline{WR}$ 分别和系统的读/写控制信号相连,主片 8259A 的 INT 和 $\overline{INTA}$ 分别和系统的中断请求信号 INTR 和中断响应信号 $\overline{INTA}$ 相连。

② 主片 8259A 的 $\overline{SP}/\overline{EN}$ 接高电平,从片 8259A 的 $\overline{SP}/\overline{EN}$ 接低电平。CAS 信号端是级联控制线,用于多片 8259A 级联工作。当多片 8259A 级联工作时,其中一片为主控芯片,其他均为从属芯片。

③ 系统的硬件连接如图 1.8.2 所示。

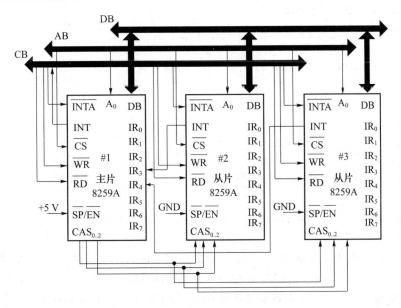

图 1.8.2　系统的硬件连接

④ 主片可接收的中断请求个数为 6 个,两个从片分别可以接收 8 个中断请求,因此,一共可以接收的数量为 $6+8×2=22$。

⑤ 因为 8259A 的 A_0 和系统总线的 AD_1 相连,假设主片 8259A(♯1)的端口地址为 20H、22H,接 IR_3 的从片 8259A(♯2)的端口地址为 0A0H、0A2H,接 IR_4 的从片 8259A(♯3)的端口地址为 0B0H、0B2H。主片♯1 和两个从片♯2、♯3 的中断向量码分别设为 08H、30H 和 40H,则 3 个 8259A 的初始化程序如下所示。

```
;主片 8259A(♯1)的初始化
MOV AL, 19H        ;ICW₁,19H = 00011001B,电平触发,需要级联
OUT 20H, AL
MOV AL, 08H        ;ICW₂,中断类型码从 08H 开始
```

```
        OUT 22H, AL
        MOV AL, 18H        ;ICW₃,00011000B,IR₃ 和 IR₄ 上接有从片
        OUT 22H, AL
        MOV AL, 11H        ;ICW₄,00010001B,主片工作在特殊全嵌套模式,普通 EOI
        OUT 22H, AL
        MOV AL, 0E7H       ;OCW₁,11100111B,开放主片 8259A(#1)上 IR₃ 和 IR₄ 的中断请求
        OUT 22H, AL
        ;从片 8259A(#2)的初始化
        MOV AL, 19H        ;ICW₁,19H = 00011001B,电平触发,需要级联
        OUT 0A0H, AL
        MOV AL, 30H        ;ICW₂,中断类型码从 30H 开始
        OUT 0A2H, AL
        MOV AL, 03H        ;ICW₃,00000011B,接主片 IR₃
        OUT 0A2H, AL
        MOV AL, 01H        ;ICW₄,00000001B,从片工作在普通全嵌套模式,普通 EOI
        OUT 0A2H, AL
        MOV AL, 00H        ;OCW₁,00000000B,开放从片 8259A(#2)上的中断请求
        OUT 0A2H, AL
        ;从片 8259A(#3)的初始化
        MOV AL, 19H        ;ICW₁,19H = 00011001B,电平触发,需要级联
        OUT 0B0H, AL
        MOV AL, 40H        ;ICW₂,中断类型码从 40H 开始
        OUT 0B2H, AL
        MOV AL, 04H        ;ICW₃,00000100B,接主片 IR₄
        OUT 0B2H, AL
        MOV AL, 01H        ;ICW₄,00000001B,从片工作在普通全嵌套模式,普通 EOI
        OUT 0B2H, AL
        MOV AL, 00H        ;OCW₁,00000000B,开放从片 8259A(#3)上的中断请求
        OUT 0B2H, AL
```

9. 若 8086 系统采用单片 8259A 中断控制器控制中断,IR_0 中断类型码给定为 20H,中断源的请求线与 8259A 的 IR_4 相连,试问:对应该中断源的中断向量表的入口地址是什么?若中断服务程序入口地址为 4FE24H,则对应该中断源的中断向量表的内容是什么?

答:由 IR_0 上的中断类型码 20H,可知 IR_4 上的中断类型码为 24H,则对应 IR_4 的中断向量表的入口地址为 0000H:24H×4=00090H。

若中断服务程序入口地址为 4FE24H,则其对应的一个逻辑地址可以是 4FE0H:0024H,则中断向量表中的内容是:00090H~00091H 为 0024H,00092H~00093H 为 4FE0H。

10. 试按照如下要求对 8259A 设定初始化命令字:8086 系统中只有一片 8259A,中断请求信号使用电平触发方式,全嵌套中断优先级,数据总线无缓冲,采用中断自动结束方式。中断类型码为 20H~27H,8259A 的端口地址为 B0H 和 B2H。

答:初始化命令如下所示。

```
        MOV AL, 1BH        ;ICW₁,1BH = 00011011B,电平触发,单片
        OUT 0B0H, AL
        MOV AL, 20H        ;ICW₂,中断类型码从 20H 开始
```

```
OUT 0B2H, AL
MOV AL, 03H          ;ICW₄,00000011B,主片工作在普通全嵌套模式,自动 EOI
OUT 0B2H, AL
```

1.8.3 拓展学习:8259A 的级联方式

级联方式(以非缓冲方式工作状态为例)硬件连接如图 1.8.3 所示。

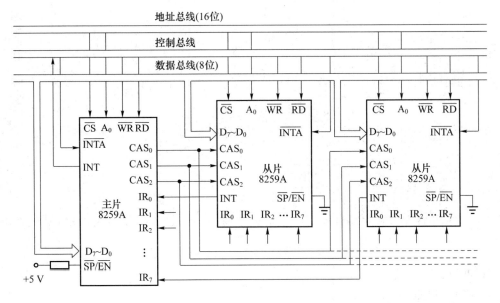

图 1.8.3 级联方式硬件连接

需要说明的是,在级联应用中只有一片 8259A 为主片,可接 1～8 片从片。此时各从片 8259A 的 INT 将与主片 8259A 的 IR 相连接,而它们的 3 个级联信号 CAS_2～CAS_0 将分别互连起来。此时,主 8259A 在第一个 $\overline{INTA}$ 响应周期内通过 CAS_2～CAS_0 送出三位识别码,而和此识别码相符的从 8259A 将在第二个 $\overline{INTA}$ 响应周期内释放中断类型码到数据总线上,使 CPU 进入相应的中断服务程序。

级联缓冲器/比较器的第二个功能是提供一个 $\overline{SP}/\overline{EN}$ 引脚信号,它是一个双功能信号。当 8259A 工作于缓冲方式时,它作为控制系统总线缓冲器传送方向的输出信号;当 8259A 工作于非缓冲方式时(如图 1.8.3 所示),作为输入信号,用于规定该片 8259A 是作为主片($\overline{SP}$=1)还是作为从片($\overline{SP}$=0),因此在一个系统中,只有主片 8259A 的 $\overline{SP}/\overline{EN}$ 引脚接高电平,其他从片均应接地。

当多片 8259A 级联时,若在 8259A 的数据线与系统总线之间加入总线驱动器,以增大驱动能力,这时 $\overline{SP}/\overline{EN}$ 引脚作为总线驱动器的控制信号,ICW_4 的 BUF 应设置为 1,并且主片和从片的区分不能依靠 $\overline{SP}/\overline{EN}$ 引脚,而是由 ICW_4 的 $M/\overline{S}$ 来选择,当 ICW_4 的 $M/\overline{S}$=1 时为主片,当 ICW_4 的 $M/\overline{S}$=0 时为从片。如果 ICW_4 的 BUF=0,则 ICW_4 的 $M/\overline{S}$ 定义无意义。

1.8.4 典型案例

1. 电路连接仿真效果
电路连接仿真效果图如图 1.8.4 所示。

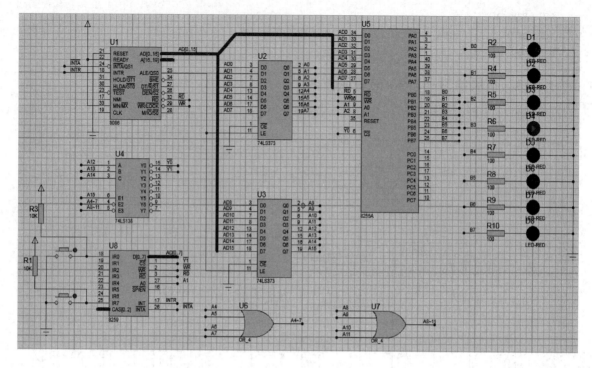

图 1.8.4　两个中断控制 LED 流水灯左、右循环仿真效果图

2. 程序设计

（1）程序流程图

程序流程图如图 1.8.5 所示。

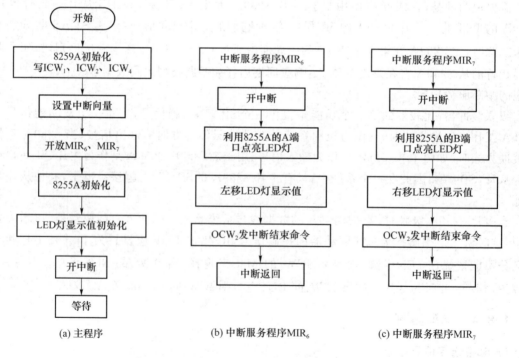

图 1.8.5　程序流程图

（2）程序清单

```
DATA SEGMENT
    CON8255   EQU   8006H
    A8255     EQU   8000H
    B8255     EQU   8002H
    C8255     EQU   8004H
    ICW1      EQU   00010011B      ;单片8259A,上升沿中断,要写 ICW4
    ICW2      EQU   00100000B      ;中断号为20H
    ICW4      EQU   00000001B      ;工作在 8086/8088 方式
    OCW1      EQU   01111110B      ;只响应 INT0、INT7 中断
    CS8259A   EQU   9000H          ;8259A 地址
    CS8259B   EQU   9002H
DATA ENDS
STACK SEGMENT STACK
    STA DB 256 DUP(0FFH)
    TOP EQU $ - STA
STACK ENDS
CODE SEGMENT PUBLIC 'CODE'
    ASSUME CS:CODE
ORG 800H
START:MOV   AX, DATA
    MOV   DS, AX
    MOV   AX, STACK
    MOV   SS, AX
    MOV   AX, TOP
    MOV   SP, AX
    CALL INI8259                   ;8259A 初始化
    CLI                            ;设置中断向量
    PUSH DS
    MOV   AX, 0
    MOV   DS, AX
    MOV   BX, 128                  ;IR0: 20H×4,中断号
    MOV   AX, CODE
    MOV   CL, 4
    SHL   AX, CL                   ;左移4位,实现乘16操作
    ADD   AX, OFFSET INT0          ;中断入口地址(段地址为0)
    MOV   [BX], AX
    MOV   AX, 0
    INC   BX
    INC   BX
    MOV   [BX], AX                 ;代码段地址为0
    MOV   AX , 0
    MOV   DS , AX
    MOV   BX, 156                  ;0X27 × 4,中断号
```

```
        MOV    AX, CODE
        MOV    CL, 4
        SHL    AX, CL              ;左移 4 位,实现乘 16 操作
        ADD    AX, OFFSET INT7     ;中断入口地址(段地址为 0)
        MOV    [BX], AX
        MOV    AX, 0
        INC    BX
        INC    BX
        MOV    [BX], AX            ;代码段地址为 0
        POP    DS
        MOV    DX, CON8255
        MOV    AL, 10000000B       ;8255A 初始化,设置 B 口为输出
        OUT    DX, AL
        MOV    BL, 00001000B       ;8255A 初始点亮中间位置的 LED 灯
        MOV    AL, BL
        MOV    DX, B8255
        OUT    DX, AL
        STI                        ;开中断
LP：                               ;等待中断
        NOP
        JMP    LP
INI8259：
        MOV    DX, CS8259A
        MOV    AL, ICW1
        OUT    DX, AL
        MOV    DX, CS8259B
        MOV    AL, ICW2
        OUT    DX, AL
        MOV    AL, ICW4
        OUT    DX, AL
        MOV    AL, OCW1
        OUT    DX, AL
        RET
INT0：CLI
        ROL    BL, 1               ;向左循环待输出数据
        MOV    AL, BL
        MOV    DX, B8255
        OUT    DX, AL              ;点亮 LED 灯
        MOV    DX, CS8259A
        MOV    AL, 20H             ;中断服务程序结束指令
        OUT    DX, AL
        STI
        IRET
INT7：CLI
```

```
        ROR   BL, 1              ；向右循环待输出数据
        MOV   AL, BL
        MOV   DX, B8255
        OUT   DX, AL             ；点亮 LED 灯
        MOV   DX, CS8259A
        MOV   AL, 20H            ；中断服务程序结束指令
        OUT   DX, AL
        STI
        IRET
CODE  ENDS
      END START
```

1.9　微机系统串行通信及接口(教材第 9 章)学习辅导

1.9.1　知识点梳理

微机系统串行通信及接口知识结构如图 1.9.1 所示。

- 微机系统串行通信及接口
  - 1. 串行通信
  - 2. 串行通信的类型
    - 1. 异步串行通信
    - 2. 同步串行通信
  - 3. 串行通信的方式
    - 1. 单工方式
    - 2. 半双工方式
    - 3. 全双工方式
  - 4. 可编程串行接口8251A
    - 1. 8251A芯片的引脚
    - 2. 8251A的内部结构
    - 3. 8251A的编程
      - 1. 控制字的设置
      - 2. 命令字的设置
    - 4. 8251A的应用

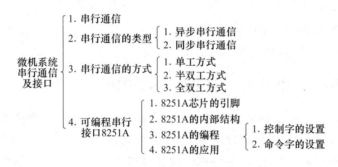

图 1.9.1　微机系统串行通信及接口知识结构

重点：8251A 的编程及应用。

难点：8251A 的综合应用。

1.9.2　习题解答

1. 串行通信的主要特点是什么？

答：串行通信的数据和控制信息是逐位传送的，一位接一位串行传送出去。对数据传送格式进行了规定，称为通信协议或规程。常用的串行通信协议有两种：异步协议和同步协议。

2. 串行通信有几种传输方式？各自有哪些特点？

答：串行通信是将数据一位接一位地顺序通过同一信号线进行传送。根据数据传送方向的不同，串行通信的数据传送可分为单工、半双工和全双工 3 种工作方式。

① 单工方式：允许数据按固定方向传送，预先固定一方为发送站，另一方为接收站。

② 半双工方式：数据能从 A 站传送到 B 站，也能从 B 站传送到 A 站，但是不能同时在两个方向上传送，每次只能有一个站发送，另一个站接收。

③ 全双工方式：允许通信双方同时进行发送和接收。A 站在发送的同时也可以接收，B 站

亦同,需要两条传输线。

3～10. 略。

1.10 D/A 和 A/D 转换接口(教材第 10 章)学习辅导

1.10.1 知识点梳理

D/A 和 A/D 转换接口知识结构如图 1.10.1 所示。

```
              ┌ 1. 模拟量输入/输出通道
              │                    ┌ 1. D/A转换器的基本原理
              │ 2. D/A转换器        ┤ 2. D/A转换器的主要技术指标
D/A和A/D       │                    └ 3. 典型D/A转换器芯片DAC0832
转换接口    ───┤ 3. CPU与D/A转换器芯片的接口设计
              │                    ┌ 1. A/D转换器的基本原理
              │ 4. A/D转换器        ┤ 2. A/D转换器的主要技术指标
              │                    └ 3. 典型A/D转换器芯片ADC0809
              └ 5. A/D转换器与CPU的接口应用
```

图 1.10.1 D/A 和 A/D 转换接口知识结构

重点:DAC0832、ADC0809 的编程及应用。

难点:CPU 与 D/A、A/D 转换器芯片的接口设计与应用。

1.10.2 拓展学习:12 位 D/A 转换器 DAC1210

DAC1210 是 12 位的高分辨率电流输出型 D/A 转换器,具有 24 根引脚,是双列直插式器件。它的主要指标包括:电流建立时间 $t_s = 1\ \mu s$,工作电压为 $+5\ V \sim +15\ V$,参考电压范围为 $\pm 25\ V$。图 1.10.2 所示为 DAC1210 的内部结构和引脚。

DAC1210 的工作原理与 8 位 DAC0832 没有多大区别,其内部结构与 DAC0832 的内部结构非常相似,也具有两级锁存器,不同的是 DAC1210 有 12 根数据输入线,内部有 12 位双缓冲寄存器和 D/A 转换器,其中 12 位输入寄存器由一个 8 位寄存器和一个 4 位寄存器组成。当 $\overline{CS} = 0$,$\overline{WR_1} = 0$ 时,若 $BYTE_1/\overline{BYTE_2}$ 为高电平,则选通 8 位输入寄存器,若 $BYTE_1/\overline{BYTE_2}$ 为低电平,则选通 4 位输入寄存器。

DAC1210 引脚简述如下。

$DI_0 \sim DI_{11}$:数据输入端,与系统数据总线相连,接收计算机输出的数字量。

$BYTE_1/\overline{BYTE_2}$:字节控制端。当 $BYTE_1/\overline{BYTE_2}$ 为高电平时,输入高 8 位数据;当 $BYTE_1/\overline{BYTE_2}$ 为低电平时,输入低 4 位数据。

$\overline{CS}$:片选信号,低电平有效。

$\overline{WR_1}$:写信号 1,低电平有效。

$\overline{WR_2}$:写信号 2,低电平有效。

$\overline{XFER}$:12 位 DAC 寄存器控制端,低电平有效。

DAC1210 可以用于 16 位 CPU 系统。

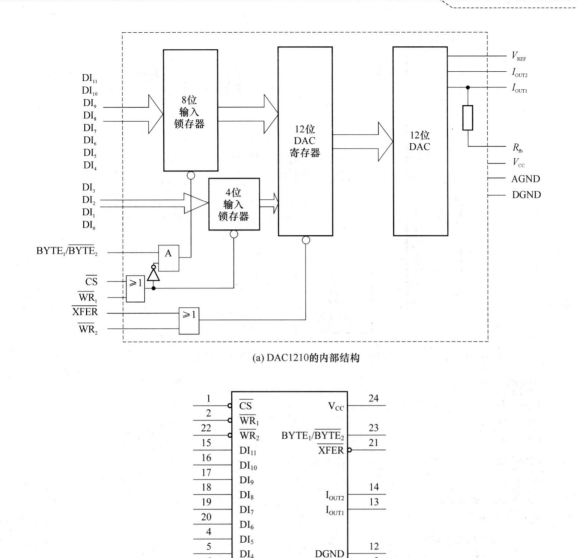

(a) DAC1210的内部结构

(b) DAC1210的引脚

图 1.10.2　DAC1210 的内部结构和引脚

1.10.3　典型应用

例1　图 1.10.3 中，ADC0809 需要外接转换时钟和参考电压。实际应用中转换时钟常利用 CPU 的时钟信号经分频得到。将 8255A 的 A 口输入方式设定为方式 0，B 口的 $PB_0 \sim PB_3$ 输出作为 8 路模拟通道选择信号，PC_4 输入 ADC0809 的转换结束信号，PC_0 作为启动信号。由于 ADC0809 需要脉冲启动，因此通过软件编程让 PC_0 输出一个正脉冲，OE 信号直接接 PC_1。设 8255A 的端口地址为 3FC0H～3FC3H，采集程序如下。

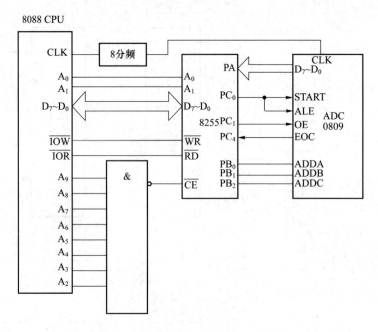

图 1.10.3　ADC0809 与 8255A 的连接

```
PROCADC   PROC NEAR
PUSH  BX
PUSH  DX
PUSH  DS
PUSH  AX
PUSH  SI
MOV   DX, SEG ADATA
MOV   DS, AX
MOV   SI, OFFSET ADATA
MOV   BL, 00H
MOV   BH, 08H


INTI55：
MOV   DX, 3FC3H
MOV   AL, 10011000B        ;8255A 控制字,A 口采用方式 0,输入,B 口采用方式 0,输出
OUT   DX, AL               ;C 口高 4 位输入,低 4 位输出
MOV   DX, 3FC1H
MOV   AL, BL
OUT   DX, AL               ;送各通道地址


ACD：
MOV   DX, 3FC2H
MOV   AL, 00H
OUT   DX, AL
MOV   AL, 01H
```

```
OUT    DX，AL              ；由 PC₀输出脉冲启动变换
NOP
NOP

WAITS：
IN     AL，DX              ；读取转换结束状态信号
AND    AL，10H             ；判断变换是否结束
JZ     WAITS              ；未结束则等待
MOV    AL，02H
OUT    DX，AL              ；使 OE = 1
MOV    DX，3FC0H
IN     AL，DX              ；读 A 口，读取 A/D 转换结果
MOV    [SI]，AL
MOV    DX，3FC2H
MOV    AL，00H
OUT    DX，AL
INC    SI
INC    BL
DEC    BH
JNZ    ACD
POP    SI
POP    AX
POP    DS
POP    DX
POP    BX
RET
PROCADC  ENDP
```

上面的采集子程序每调用一次，便顺序对 8 路模拟输入 $IN_1 \sim IN_7$ 进行一次 A/D 转换，并将转换的结果存放在 ADATA 所在的顺序 8 个单元中。

第 2 章　实验工具

2.1　汇编实验环境 MASM

2.1.1　软件安装

打开程序安装包,双击运行安装程序"Setup. exe",即可进入安装启动界面,如图 2.1.1 所示。

图 2.1.1　安装启动界面

单击"下一步"按钮,安装到指定目录,如图 2.1.2 所示。建议此处不要更改目录,以免影响使用。

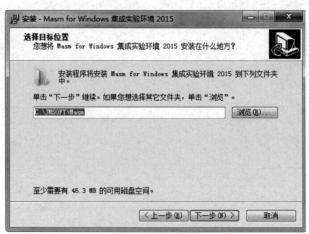

图 2.1.2　安装到指定目录

继续单击"下一步"按钮,出现图 2.1.3 所示的界面,选择开始菜单文件夹,可通过单击"浏览"按钮进行修改,此处选择默认值即可。继续单击"下一步"按钮,选择创建桌面快捷方式,如图 2.1.4 所示。

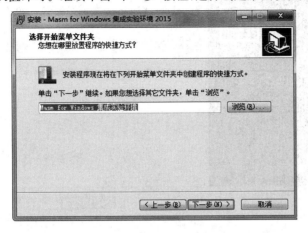

图 2.1.3　设置快捷方式位置

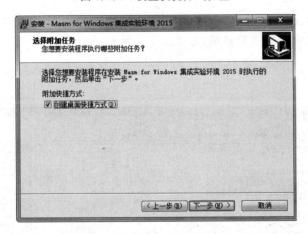

图 2.1.4　创建桌面快捷方式

继续单击"下一步"按钮,即可开始安装,如图 2.1.5 所示。单击"安装"按钮,即开始安装过程。等待安装过程完成,将出现图 2.1.6 所示的界面,单击"完成"按钮,完成过程。

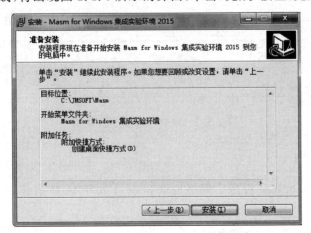

图 2.1.5　准备安装界面

图 2.1.6　安装完成界面

找到并双击桌面上的快捷方式"Masm for Windows 集成实验环境 2015",即可进入 MASM 集成实验环境,如图 2.1.7 所示。

MASM 汇编环境
的安装

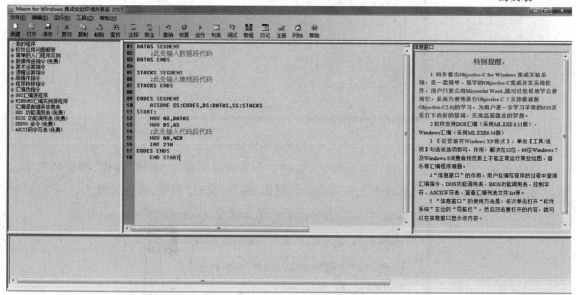

图 2.1.7　MASM 集成实验环境

2.1.2　入门案例

例:编写汇编程序,从数据段指定偏移地址 3500H 处开始,依次存入 16 字节数据:0,1,…,15。

打开 MASM 集成实验环境,输入如下源程序。

MASM 入门案例

```
DATAS SEGMENT
    ;此处输入数据段代码
    ;设定起始偏移地址,如果没有该语句,默认的偏移地址为 0000H
    ORG 3500H
    ;定义16字节数据
    MEM1 DB 16 DUP(?)
DATAS ENDS


STACKS SEGMENT
    ;此处输入堆栈段代码
STACKS ENDS


CODES SEGMENT
    ASSUME CS:CODES,DS:DATAS,SS:STACKS
START:
    MOV AX,DATAS
    MOV DS,AX
    ;此处输入代码段代码

    ;存放数据的准备工作
    MOV DI,3500H            ;设置数据区首地址
    MOV CX,10H              ;设置个数,并存入 CX 寄存器
    MOV AH,00H

    SAHF                    ;将 AH 的值送入标志寄存器 FR,实现 FR 清零
    ;开始存放数据

    MOV AL,00               ;设置首个字节为 0,并存入 AL
A1:MOV [DI],AL              ;将 AL 中的数据存入 DI 指定的位置
    INC AL                  ;修改数据
    INC DI                  ;修改地址

    LOOP A1                 ;若未写完 16 个数据,则跳转到 A1 位置继续
                            ;若写完 16 个数据,则继续顺序执行
    MOV AH,4CH
    INT 21H
CODES ENDS
    END START
```

注意 在编写源代码的过程中,由于 MASM 集成实验环境已经提供了代码框架,因此读者完成虚线框内代码的编写即可。完成编写后,将文件命名为"MyFirst. asm"并保存在相应位置即可。例如,在 D 盘创建文件夹 MASM 后,可将文件保存到目录 D:\MASM。

单击 MASM 集成实验环境中上方工具栏内的"运行"按钮,若代码正确无误,即可出现图 2.1.8 所示的界面。

若出现语法错误,则会在下方提示错误信息,如图 2.1.9 所示。

C:\JMSOFT\Masm\bin\DWTemp.exe
Press any key to continue

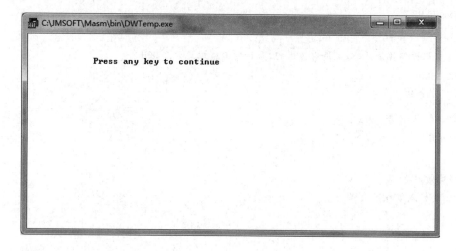

图 2.1.8　代码正确无误

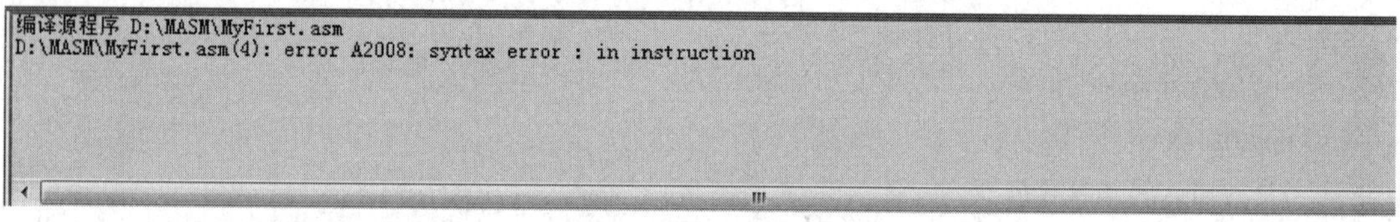

编译源程序 D:\MASM\MyFirst.asm
D:\MASM\MyFirst.asm(4): error A2008: syntax error : in instruction

图 2.1.9　错误信息提示

2.1.3　程序调试与运行

程序编写无误后，需要进入调试(Debug)环境运行并查看结果。在汇编的调试环境下，常用的 Debug 命令如表 2.1.1 所示。程序的执行有连续运行和单步跟踪运行两种方式，下面以 MyFirst.asm 程序为例，说明常用的 Debug 命令在上述两种执行方式下的使用。

表 2.1.1　常用的 Debug 命令

名　称	含　义	命令格式
A(Assemble)	逐行汇编	A[address]
C(Compare)	比较两内存块	C range address
D(Dump)	显示内存单元(区域)内容	D[address] D[range]
E(Enter)	修改内存单元(区域)内容	E address list
F(Fill)	填充内存单元(区域)	F range list
G(GO)	连续执行程序	G[=address] [address]
H(Hexarthmetic)	两参数进行十六进制运算	H Value Value
I(Input)	从指定端口地址读取并显示一个字节值	I port address
L(Load)	装入某个文件或特定磁盘扇区的内容到内存	L[address]
M(Move)	将内存块内容复制到另一个内存块	M range range
N(Name)	指定要调试的可执行文件参数	N[d:[path]filename[.exe]]
O(Output)	将字节值发送到输出端口	O port address byte
Q(Quit)	退出 Debug	Q
R(Register)	显示或修改一个或多个寄存器内容	R[register name]

名　称	含　义	命令格式
S（Search）	在某个地址范围内搜索一个或多个字节值	S range list
T（Trace）	单步/多步跟踪	T or T［address］［Value］
U（Unassmble）	反汇编并显示相应原语句	U［address］ or U［range］
W（Write）	将文件或数据写入特定扇区	W［address［drive sector sector ］］
?	显示帮助信息	?

1. 连续运行方式

在程序运行无误后，单击工具栏中的"调试"按钮，弹出图 2.1.10 所示的对话框，在光标提示处输入 U（大小写均可）命令，并按"Enter"键，则开始对 MyFirst. asm 进行反汇编并显示相应的原语句，如图 2.1.11 所示。从图中可以看出，经过 U 命令的运行，出现了 3 列内容，最左侧是由段基址和偏移地址构成的逻辑地址，中间的内容是汇编语句对应的机器指令，最右侧是机器指令对应的汇编指令。

图 2.1.10　调试命令对话框

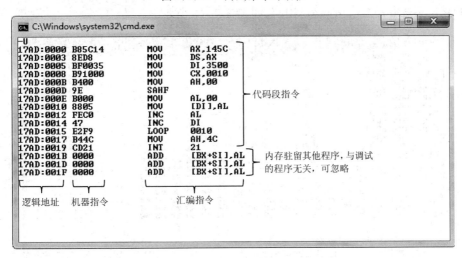

图 2.1.11　U 命令的使用

需要注意的是,最右侧汇编指令中的代码结束位置在语句 INT 21 处,其下面的语句可以忽略。在汇编指令中,原来使用的符号地址已经用当前内存地址表示。例如,LOOP A1 指令中的 A1 已经转换为具体的偏移地址 0010。如果源程序较长,在显示完一个屏幕后,可以继续使用 U 命令显示后面的程序,直到结束语句出现。其中的数据和地址均采用十六进制形式表示,其后面的 H 省略不写。

在本例中,数据段定义了 16 字节数据的存储区。在运行程序前,先利用 D 命令进行查看。从图 2.1.11 中的第一行可以看出,数据段的段基址为 145C,指定的段内偏移地址为 3500,因此查看对应位置的命令格式为 D 145C:3500,运行结果如图 2.1.12 所示。从图中可以看出,从 3500 位置开始的 16 字节数据为定义的字节数据 0。此外,最右侧部分中间的字符是 ASCII 码所对应的可显示字符。例如,逻辑地址为 145C:3524 的位置存放的数值 47 是大写字母 G 对应的 ASCII 码,所以在右侧相应位置显示为大写字母 G。其他字符请读者自行查验。

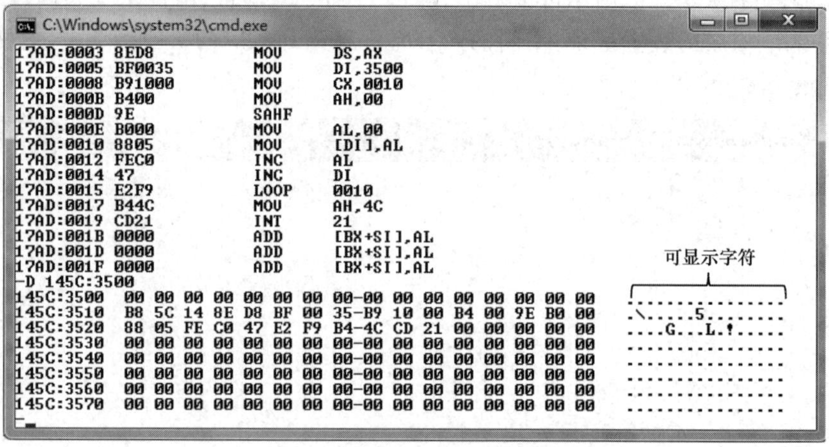

图 2.1.12　程序运行前数据段的查看

在完成 D 命令查看后,可以利用 G 命令实现程序的连续运行。通过 U 命令可以查看到结束语句 INT 21 所在的偏移地址为 0019,则程序运行结束的位置位于其下一条语句,即 001B。因此,G 命令在本例中使用的格式为 G 001B。程序运行完成后,可以看到表示程序正常结束的提示语句"Program terminated normally",如图 2.1.13 所示。

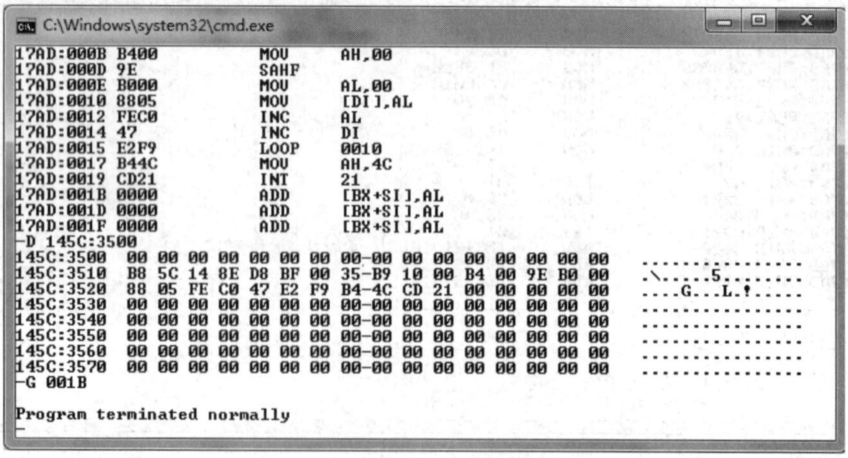

图 2.1.13　程序运行结束

根据本例的结果要求,需要进一步查看指定数据区域内的数据是否存入成功。再次使用 D 145C:3500 查看,结果如图 2.1.14 所示。由程序运行前和运行后指定位置的结果对比可知,已将指定数据写入了指定区域,完成了本例要求。键入 Q 命令后,按"Enter"键退出调试窗口。

程序的调试与运行

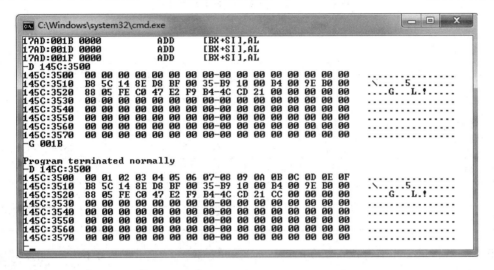

图 2.1.14 结果的查看与对比

2. 单步跟踪方式

如果需要查看每步指令执行后寄存器或存储器的变化情况,或者程序不能在连续运行方式下得出正确的结果而需要查找出错的原因,则需要利用单步跟踪方式。下面以 MyFirst. asm 为例,说明单步跟踪方式的使用。

在 MASM 集成实验环境中,打开 MyFirst. asm 文件。单击"运行"按钮,确认程序无语法错误,然后单击"调试"按钮,先利用 U 命令查看反汇编后的程序,再输入 R 命令并按"Enter"键,结果如图 2.1.15 所示。

```
C:\Windows\system32\cmd.exe

-U
17AD:0000 B85C14          MOV     AX,145C
17AD:0003 8ED8            MOV     DS,AX
17AD:0005 BF0035          MOV     DI,3500
17AD:0008 B91000          MOV     CX,0010
17AD:000B B400            MOV     AH,00
17AD:000D 9E              SAHF
17AD:000E B000            MOV     AL,00
17AD:0010 8805            MOV     [DI],AL
17AD:0012 FEC0            INC     AL
17AD:0014 47              INC     DI
17AD:0015 E2F9            LOOP    0010
17AD:0017 B44C            MOV     AH,4C
17AD:0019 CD21            INT     21
17AD:001B 0000            ADD     [BX+SI],AL
17AD:001D 0000            ADD     [BX+SI],AL
17AD:001F 0000            ADD     [BX+SI],AL
-R
AX=0000  BX=0000  CX=352B  DX=0000  SP=0000  BP=0000  SI=0000  DI=0000
DS=144C  ES=144C  SS=145C  CS=17AD  IP=0000   NU UP EI PL NZ NA PO NC
17AD:0000 B85C14          MOV     AX,145C
```

图 2.1.15 R 命令的使用

图 2.1.15 中所示为执行 R 命令后当前寄存器中的数据,其中,R 命令下第一行为通用寄存器,第二行为 4 个段寄存器、IP 寄存器及位于尾部的代表标志寄存器中相应位的 8 种标志名,其对应关系如表 2.1.2 所示。

表 2.1.2　调试环境下标志位的符号表示

标志位名称	标志位为 1	标志位为 0
OF:溢出(有/无)	OV	NV
DF:方向(减址/增址)	DN	UP
IF:中断(允许/关闭)	EI	DI
SF:符号(负/正)	NG	PL
ZF:零(是/否)	ZR	NZ
AF:辅助进位(有/无)	AC	ZA
PF:奇偶(偶/奇)	PE	PO
CF:进位(有/无)	CY	NC

IP 寄存器指示了当前待执行指令的偏移地址,并在第三行显示了准备执行的指令。接下来输入单步执行命令 T,执行结果如图 2.1.16 所示。从图中可以看出,执行 T 命令前后的变化情况包括:IP 寄存器的值从 0000 变为 0003,AX 寄存器的值从 0000 变为 145C。其发生变化的原因在于,指令 MOV AX,145C 实现将 145C 写入 AX。同时,由于该汇编指令的机器指令为 B85C14(可从图 2.1.15 中 R 命令下第三行看出),其长度为 3,因此 IP 从原来指示的 0000 位置增长到 0003。

程序的单步跟踪

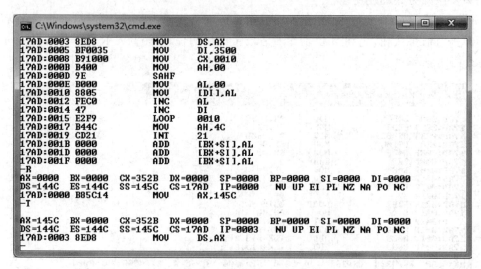

图 2.1.16　T 命令的使用

此外,在最后一行,显示了下一条待执行的指令为 MOV DS,AX。再次执行 T 命令,则发生的变化包含两个方面:一是 DS 寄存器的值将由 144C 变为 AX 寄存器的值 145C,二是由于该指令的机器指令为 8ED8,长度为 2,因此 IP 的内容将由 0003 增长到 0005。结果如图 2.1.17 所示。

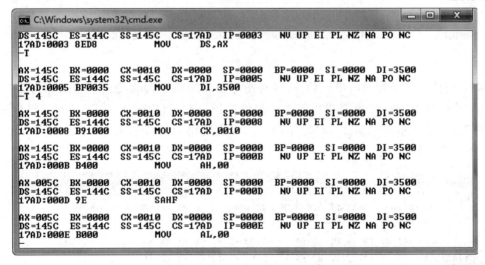

图 2.1.17　再次执行 T 命令后的变化

如果需要连续执行多步指令,也可以使用 T 命令。例如,T 4 表示连续执行 4 条指令,如图 2.1.18 所示。从图中可以看出,指令 SAHF 执行完成后,FR 中的内容并没有发生变化。该指令用于将 AH 中的值送入 FR 的低 8 位,AH 中的 00 正好和系统默认的值相同,因而没有发生变化。

T 命令的多步
连续执行

图 2.1.18　T 命令的连续执行

结合 T 命令的单步、多步连续执行方式,D 命令及 G 命令,可以共同完成剩余的程序执行过程。详细过程参考"T、G 命令的综合使用"视频。

如果程序无语法错误而存在逻辑错误,则在单击"运行"按钮后也会显示"Press any key to continue"对话框,但在调试窗口中查看时,无法得到正确结果。例如,在编写源代码的过程中将语句 INC AL 错误地写成了 INC AH,则不会得到正确结果。如何在调试环境下发现这样的逻辑错误,详细的过程参见"程序逻辑错误的调试过程"视频。

T、G 命令的
综合使用

程序逻辑错误
的调试过程

2.1.4 寄存器与存储器单元数值的修改

寄存器与存储器
单元数值的修改

在程序的调试过程中,有时候会遇到需要对寄存器或存储器单元中的数值进行修改的情况,此时可利用 R 命令、E 命令来实现。

进入调试窗口,输入 R 命令后,可以看到当前所有寄存器的数值。如果需要对某个寄存器的值进行修改,可以在 R 后面直接写上寄存器的名称,如 R AX,回车后显示当前的值,并在下一行用“:”提示输入新的值。如果输入 1234 并回车,则 AX 寄存器中的值将变为 1234。再次使用 R 命令查看,其结果已经变为 1234,如图 2.1.19 所示。

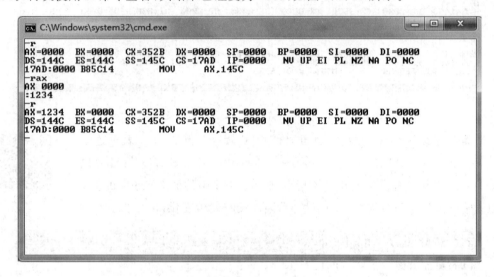

图 2.1.19 寄存器数值的显示与修改

如果需要修改某个存储器单元的值,则对指定单元先使用 D 命令进行查看,再用 E 命令进行修改。例如,要对 DS:0000 指定单元中的数值进行修改,可以输入 E DS:0000,回车后,在提示符号“.”后面输入想要的值 12,再回车即可。再次使用 D 命令查看,其中的数值已经修改成功,如图 2.1.20 所示。

图 2.1.20 存储器单元数值的修改

2.2 接口仿真实验环境 Proteus 8.4

2.2.1 介绍与安装

Proteus 是英国 Labcenter Electronics 公司开发的 EDA(Electronic Design Automation,电子设计自动化)工具软件,它不仅具有其他 EDA 工具软件的仿真功能,还能仿真单片机及其外围器件。虽然 Proteus 在国内的推广刚刚起步,但其特有的功能已经受到各类人员的青睐,包括单片机爱好者、从事单片机教学的教师、致力于单片机应用开发的科技人员等。

Proteus 运行于 Windows 操作系统上,可以仿真、分析各种模拟电路与集成电路。Proteus 不仅提供了大量模拟与数字元器件、外部设备和各种虚拟仪器,还具有对常用控制芯片及其外围电路组成的综合系统进行交互仿真的功能,特别是从原理图布图、代码调试到单片机与外围电路协同仿真,一键切换到 PCB(Printed Circuit Board,印刷电路板)设计,真正实现了从概念到产品的完整设计。Proteus 是目前世界上唯一将电路仿真、PCB 设计和虚拟模型仿真 3 种软件合而为一的设计平台,支持 8086、8051、AVR、DSP 等各类常见的处理器模型,采用 IAR、Kail 等多种编译器,以满足开发人员的需要。这里主要介绍如何安装并使用 Proteus 基于 8086 微处理器进行原理图的设计和汇编程序的编写,利用仿真系统结合汇编程序进行仿真。

常见的 Proteus 版本有 7.0、7.8、8.4、8.10 等,由于 Proteus 8.4 版本较之前的版本有较大变化,本节将介绍 Proteus 8.4 的安装。最新版本的 Proteus 可以从官网 http://www.labcenter.com 上下载。

Proteus 8.4 的安装

运行 Proteus 8.4 的程序安装包,出现图 2.2.1 所示的安装向导界面。单击"Next"按钮,进入下一界面,如图 2.2.2 所示,并勾选"I accept the terms of this agreement."选项。

图 2.2.1 安装向导界面

单击"Next"按钮,在图 2.2.3 所示的界面中选择安装相应类型的 License。

单击"Next"按钮,则出现需要安装 License 的信息,如图 2.2.4 所示。

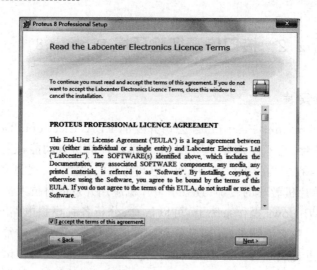

图 2.2.2　接受协议界面

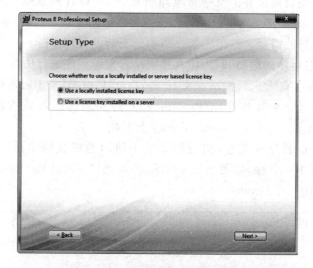

图 2.2.3　选择 License

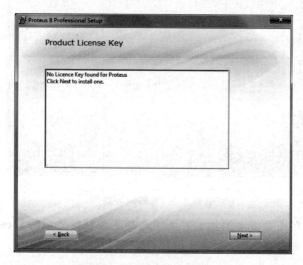

图 2.2.4　安装 License

单击"Next"按钮,进入 License 的安装界面,如图 2.2.5 所示。单击下方的"Browse For Key File"按钮,在弹出的对话框中选择相应的 License 文件,如图 2.2.6 所示。

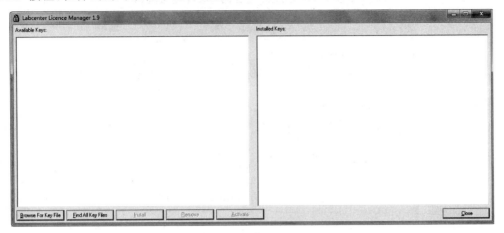

图 2.2.5 License 的浏览与安装

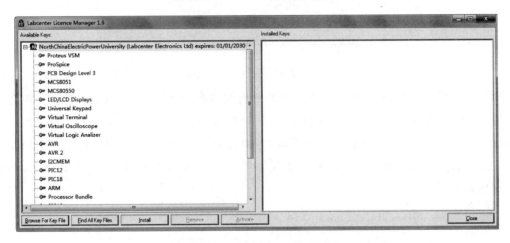

图 2.2.6 选择的 License 信息

单击"Install"按钮,在弹出的对话框中单击"是"按钮,在右侧区域会出现已经安装的信息,如图 2.2.7 所示。单击"Close"按钮,进入下一安装过程。

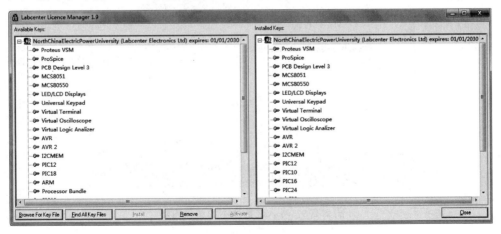

图 2.2.7 安装的 License 信息

注意,如果之前安装过 License 信息,则会直接出现之前已经安装的 License 相应的信息,不会再出现该过程。图 2.2.8 所示为一个之前安装过的 License 信息。

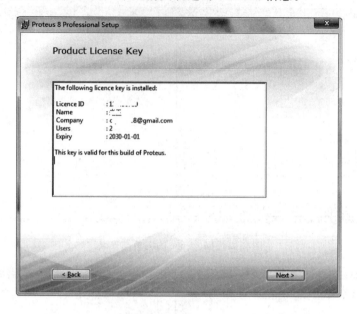

图 2.2.8　之前安装过的 License 信息

在接下来的界面中选择是否导入之前版本的相关内容,如图 2.2.9 所示。这里忽略各种导入,不进行勾选,直接单击"Next"按钮进入下一界面,如图 2.2.10 所示,开始安装。选择"Typical"类型并开始安装,如图 2.2.11 所示,等待安装过程完成。当出现图 2.2.12 所示的界面,则表示安装结束。可单击"Close"按钮关闭该界面,也可单击"Run Proteus 8 Professional"按钮打开 Proteus 界面。

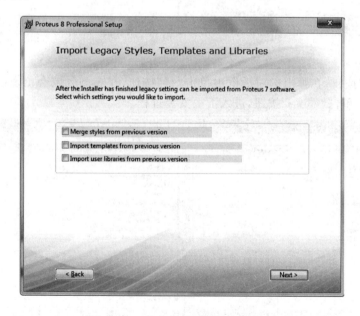

图 2.2.9　导入之前版本的相关内容

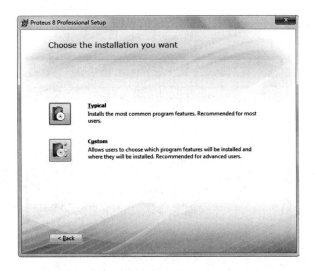

图 2.2.10 选择安装类型

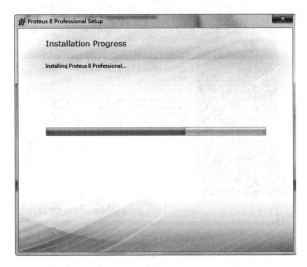

图 2.2.11 安装过程

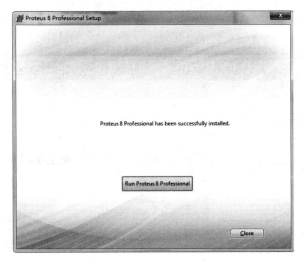

图 2.2.12 安装完成界面

选择并打开更新程序安装包,在图 2.2.13 所示的界面中,单击"Update"按钮,即可完成程序的更新操作。

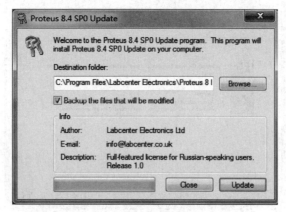

图 2.2.13　更新安装程序

打开程序编译器安装程序,如图 2.2.14 所示,单击"Next"按钮,完成编译器的安装。

图 2.2.14　编译器安装

双击桌面创建的 Proteus 快捷方式,出现图 2.2.15 所示的界面,即表示仿真实验环境 Proteus 8.4 安装成功。

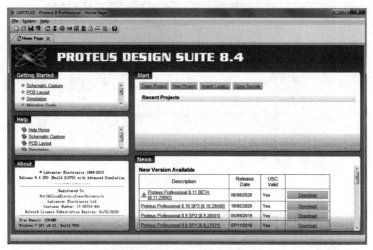

图 2.2.15　Proteus 8.4 的界面

2.2.2 Proteus 8.4 工程的创建

打开 Proteus 8.4 仿真环境,主界面包括标题栏、菜单栏、工具栏和主页 (Home Page)。建立一个新的 Proteus 工程,常用的有如下 3 种方法:依次选择菜单"File"→"New Project";单击工具栏中最左侧的按钮 □ ;单击"Start"框中的"New Project"按钮 New Project 。任意选用一种方法,即可打开图 2.2.16 所示的界面。设置工程名称为 ProFirst,指定存储路径。

Proteus 工程的创建

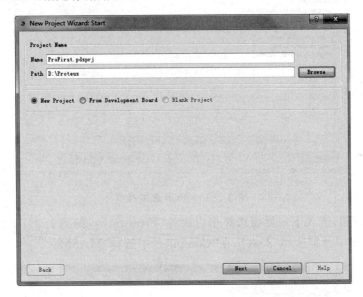

图 2.2.16 建立新工程

单击"Next"按钮,打开"Design Templates"选择框,如图 2.2.17 所示,从中选择"DEFAULT"。

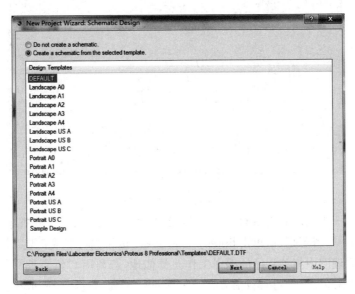

图 2.2.17 模板选择对话框

单击"Next"按钮,进入下一界面,选中"Do not create a PCB layout."选项,如图 2.2.18 所示。

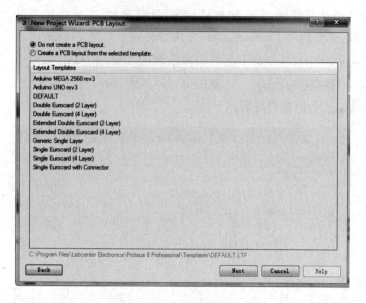

图 2.2.18　PCB 布局选项

单击"Next"按钮,进入下一界面选择相应固件(Firmware),如图 2.2.19 所示。在"Family"和"Controller"选项中分别选择"8086",在"Compiler"中选择"MASM32"。

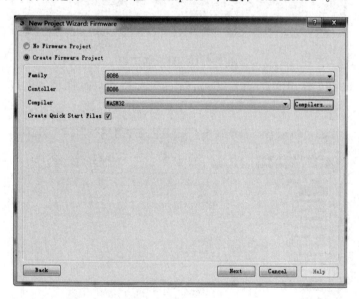

图 2.2.19　固件选择

单击"Compilers…"按钮,打开编译器安装界面,如图 2.2.20 所示。检查编译器"MASM32"的安装状态是否为"Yes",若不是,请单击相应的"Download"按钮进行下载安装。注意:若不安装该编译器,则无法完成原理图中相关程序的编译工作。类似地,若利用 C 语言编写相关程序,请下载安装"Digital Mars C"编译器。该过程仅需要在第一次创建工程的过程中完成相关操作,安装完成后再次创建新工程时,无须再进行该操作。单击"OK"按钮,返回图 2.2.19 所示的界面。

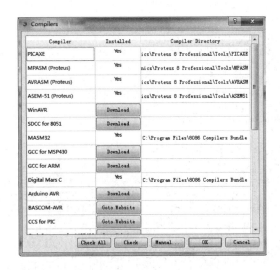

图 2.2.20　编译器安装界面

在图 2.2.19 所示的界面中,单击"Next"按钮,进入汇总界面,可看到新建工程的汇总信息,如图 2.2.21 所示。单击"Finish"按钮,即可进入原理图的设计界面(如图 2.2.22 所示)和源代码的编写界面(如图 2.2.23 所示)。

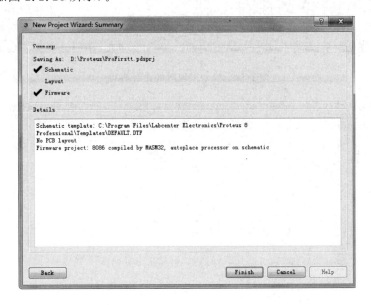

图 2.2.21　新建工程的汇总信息

2.2.3　可视化界面

为了在图 2.2.22 所示的界面中方便绘制原理图,对该界面中的各部分进行了标注,下面对常用的各个部分进行简单介绍。

可视化界面

1. 编辑窗口(The Editing Window)

该窗口位于图 2.2.22 所示界面的右侧灰色区域,原理图中所要用的各种元器件都要放到其中。注意,这个窗口是没有滚动条的,但可用预览窗口改变原理图的可视范围。为了作图方便,需要对如下几个概念进行说明。

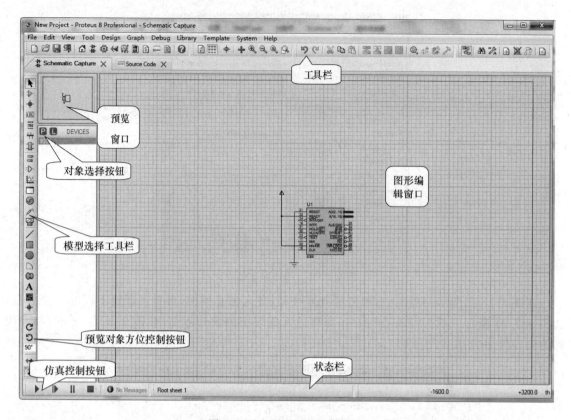

图 2.2.22　原理图的设计界面

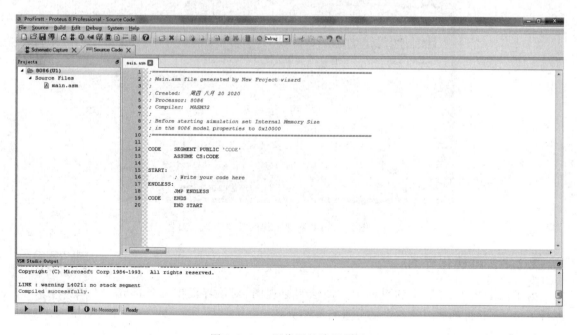

图 2.2.23　源代码的编写界面

（1）坐标系统（Co-Ordinating System）

坐标系统的原点默认位于编辑窗口的中间，由水平、垂直的两条较深的灰色直线相交而成。

坐标系统的基本单位为 1 th(毫英寸),鼠标指针所指位置的坐标值能够显示在界面右下角的状态栏中。

（2）点状栅格(The Dot Grid)与捕捉到栅格(Snapping to a Grid)

编辑窗口中的小方格称为栅格,可以通过菜单"View"→"Toggle Grid"命令进行切换,变为点状栅格或没有栅格。点与点之间的距离由当前捕捉的设置决定,捕捉的尺度可通过菜单"View"→"Snap"命令进行设置。当选择"Snap 50th"命令时,鼠标指针在编辑窗口内移动的步长是以固定值 50 th 变化的,称之为捕捉。若需要不同的步长,则选择相应的命令即可。

如果想要看到确切的捕捉位置,可以使用菜单"View"→"Toggle X-Cursor"命令,选中后将会在捕捉点显示一个小的或大的交叉十字,从而可以更清晰地看到捕捉位置。

当鼠标指针指向引脚末端或导线时,鼠标指针将会捕捉到这些物体,可方便用户实现导线和引脚的连接。

当执行其他命令导致显示错乱时,可以使用菜单"View"→"Redraw Display"命令来刷新显示内容。同时,预览窗口中的内容也将被刷新。

（3）视图的缩放与移动

在设计原理图时,为了更清楚地看清相应位置,需要利用如下几种方法。

在预览窗口中单击并移动鼠标指针到想要显示的位置,将会使编辑窗口显示以鼠标指针所在位置为中心的内容。若要退出预览窗口,再次单击即可。

在编辑窗口内移动鼠标指针,按下"Shift"键,用鼠标指针"撞击"窗口四周的边框,可使显示内容平移。

若要对显示内容进行缩放,可在编辑窗口或预览窗口中操作鼠标的滚动键,则会以鼠标指针所在位置为中心重新显示。也可通过菜单"View"→"Zoom"命令实现显示指定区域、显示整个原理图等功能,相应的命令可在工具栏中找到。

2. 预览窗口(The Overview Window)

当鼠标指针落在原理图编辑窗口时(即放置元件到编辑窗口后或在编辑窗口中单击后),预览窗口通常会显示整个电路图的缩略图,并会显示一个绿色的方框,方框里面的内容就是当前编辑窗口中显示的区域。

当一个对象在选择器中被单击选中时,或在选中后使用预览对象方位控制按钮对器件进行相应操作时,预览窗口将显示要放置对象的预览。当该对象被放置后,预览窗口将恢复到原来的状态。

3. 模型选择工具栏(Mode Selector Toolbar)

模型选择工具栏由 3 个部分组成,自上而下分别为主要模型选择工具、配件选择工具和 2D 图形选择工具,下面分别简要介绍。

主要模型(Main Modes)选择工具有 7 个,自上而下依次介绍。"Selection Mode"按钮 ▶ 用于选择模式(默认选择的),"Component Mode"按钮 ▷ 用于放置组件,"Junction Dot Mode"按钮 ✛ 用于放置连接点,"Wire Label Mode"按钮 LBL 用于对线路放置标签,"Text Script Mode"按钮 ☰ 用于放置文本,"Buses Mode"按钮 ╫ 用于绘制总线,"Subcircuit Mode"按钮 ⊡ 用于放置子电路。

配件(Gadgets)选择工具有 7 个,自上而下依次介绍。"Terminals Mode"按钮 ⊟ 用于各种终端接口的选择,有 V_{CC}、地、输入、输出等接口;"Device Pins Mode"按钮 ▷ 用于各种引脚的绘制;"Graph Mode"按钮⊠用于各种仿真图表分析;"Active Popup Mode"按钮□用于磁带录音机;"Generator Mode"按钮⟳用于产生各种信号,如直流、交流、脉冲等信号;"Probe Mode"按钮✎用于各种报探针的选择,如电压探针、电流探针等,在使用仿真图表分析时会用到;"Instruments Mode"按钮▣用于选择各种虚拟仪器,如示波器等。

2D图形(2D Graphics)选择工具共有8个,主要用于各种图形的绘制,自上而下分别为直线、方框、圆、圆弧、多边形、文本、符号和原点。

4. 方向工具栏(Orientation Toolbar)

旋转按钮↻用于实现组件的顺时针旋转,旋转按钮↺用于实现组件的逆时针旋转,旋转的角度只能是90的整数倍。翻转按钮↔和↕可分别完成水平翻转和垂直翻转。

方向工具栏的使用方法是,先在编辑窗口中右击某个元件,在弹出的菜单中选择相应的按钮。

5. 元件列表(The Object Selector)

元件列表用于挑选元件、终端接口、信号发生器等。例如,当选择"Component Mode"按钮后,单击"P"按钮会打开元件选择窗口,如图2.2.24所示。在Keywords处输入元件的关键词,如138,相关元件会出现在选择列表中。选择所需元件并单击"OK"按钮后,该元件会在元件列表中显示,以后要用到该元件时,只需在元件列表中选择即可。

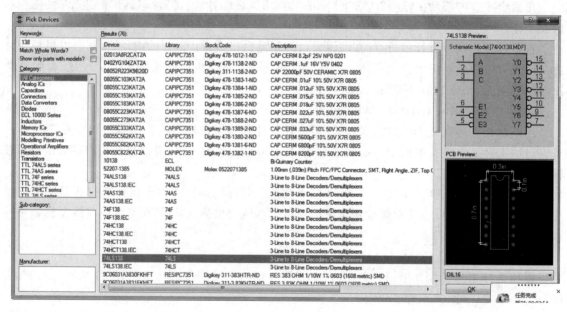

图2.2.24 元件选择窗口

6. 仿真控制动作工具栏

工具栏 ▶ ▶ ∥ ■ 中各个按钮的功能是控制仿真的动作,从左向右依次为连续运行、单步运行、暂停和停止。

2.2.4 元件的查找与选择

Proteus提供包含8000个部件的元件库,包括:标准符号、二极管、三极管、热离子管、TTL、

CMOS、微处理器及存储器部件、PLDs、模拟 ICs 和运算放大器。Proteus 提供了多种从元件库查找并选择元件的方法,下面分别进行介绍。

1. 元件库的打开

单击对象选择器区域顶端左侧的按钮 P,将打开元件库浏览对话框,如图 2.2.25 所示。

元件的查找与选择

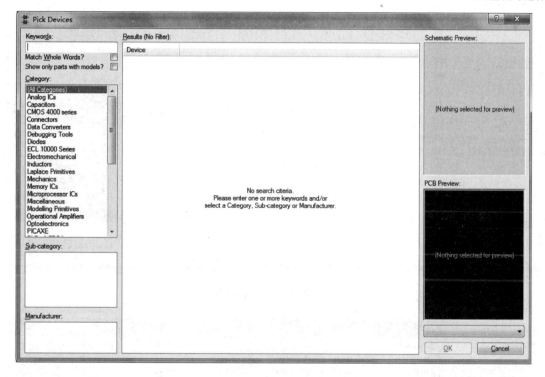

图 2.2.25 元件库浏览对话框

该对话框的打开也可以采用另一种方法,右击编辑窗口的空白区域,在弹出的快捷菜单中依次选择"Place"→"Component"→"From Libraries"即可。

2. 元器件的选择

打开对象选择器后,可以根据如下几种不同情况进行选择。

(1) 已知元件名

已知元件名时,可在图 2.2.25 所示界面左上角的 Keywords 区域直接输入元件名。例如,输入 74LS138 后,就会在 Results 区域显示元件名或元件描述中带有"74LS138"的元件,如图 2.2.26 所示。此时,用户可以根据元件所属的类别、子类、生产厂家等进一步查找。找到元件后,单击"OK"按钮,即完成了一个元件的添加。添加元件后,编辑窗口的对象选择区域列表会显示该元件的名称,单击该元件,即可在预览窗口进行预览。

(2) 仅知道关键字

当确切的元件名无法获得时,利用部分关键字信息也可查找相关元件。例如,想要查找某个 LED 灯,可在 Keywords 区域输入 LED,此时 Results 区域将出现相关结果,如图 2.2.27 所示。由于此时出现的结果较多,可以勾选"Match Whole Words?"复选框,将会使结果更加精炼,如图 2.2.28 所示。注意,若输入的关键字数太少而使得结果太多,则不会在 Results 区域显示结果,而仅显示结果的个数。

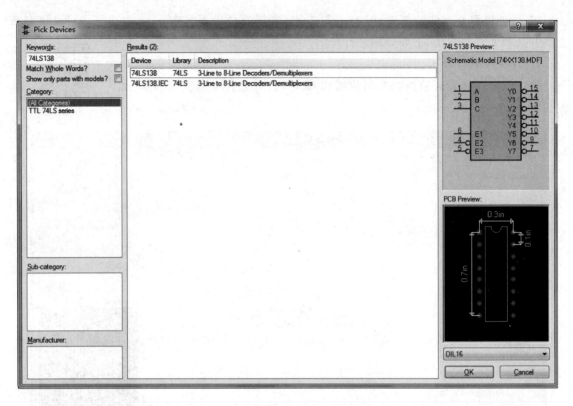

图 2.2.26 输入元件名后的查找结果

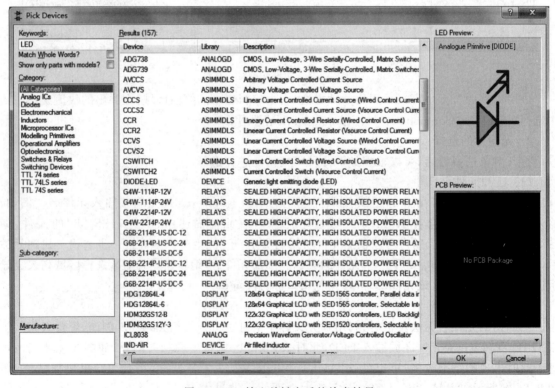

图 2.2.27 输入关键字后的检索结果

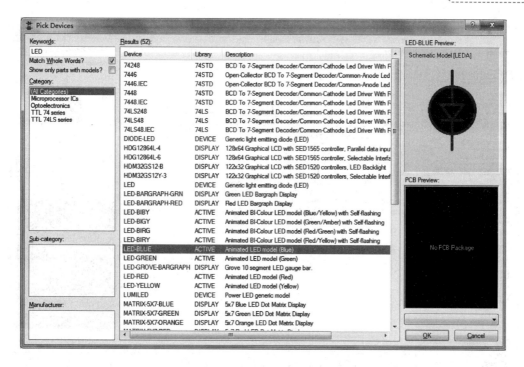

图 2.2.28　精炼 Results 区域的结果

（3）利用索引系统

当用户遇到上述两种情况以外的情形时，可以利用索引进行查找。例如，要查找蓝色 LED 灯，可以先清除 Keywords 区域中的内容，然后选择 Category 目录中的 Optoelectronics 类，此时 Results 区域将出现图 2.2.29 所示的信息。此时的结果较多，可以在 Sub-category 目录中进一步选择 LEDs，结果如图 2.2.30 所示。

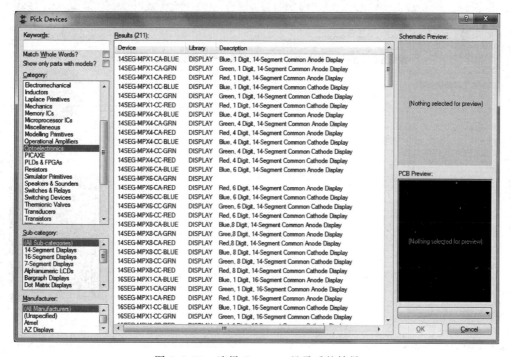

图 2.2.29　选择 Category 目录后的结果

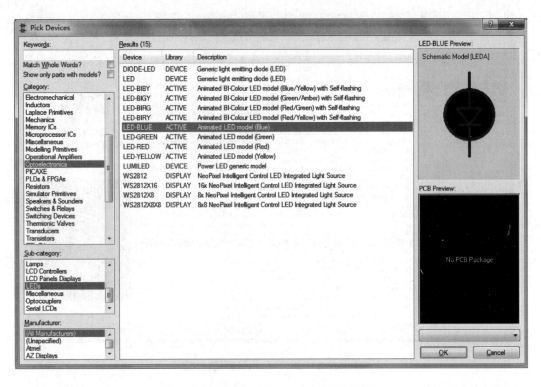

图 2.2.30　选择 Sub-category 目录后的结果

（4）复合检索方法

在 Keywords 区域输入 BLUE,然后选择 Sub-category 目录中的 LEDs 类,在 Results 区域将显示相关的 LED 信息,如图 2.2.31 所示,从中可以选择相应的 LED 元件。

图 2.2.31　复合检索元件

2.2.5 元件的操作

元件的操作

当完成元件的查找与选择后,就可以在编辑窗口中使用所需元件。下面以图 2.2.32 所示电路图的制作过程为例,说明元件的放置、连线等方法。

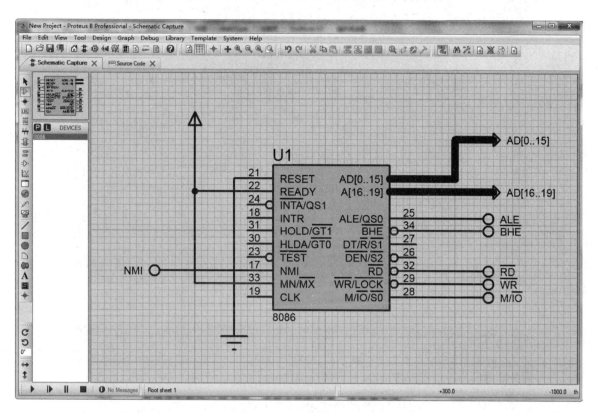

图 2.2.32 参考电路图

1. 元件的删除

按前述方法新建一个 Proteus 工程后,会在图形编辑区自动添加一个 8086 微处理器,如图 2.2.22 所示。这里为了说明元件放置的一般方法,先将其删除。在原理图中删除一些元件的方法和 Windows 中的操作类似。先利用鼠标左键拖拽出一个矩形框,将待删除的内容全部置于矩形框中。注意,此时矩形框内的内容变为红色,如图 2.2.33 所示。然后按"Delete"键或右击窗口并在弹出的快捷菜单中选择"Block Delete",即可将所选内容删除。

若只是删除一个元件,只需要在单击选中该元件后按"Delete"键,或者直接右击待删除元件,在弹出的快捷菜单中选择"Delete Object"。

2. 元件的放置

放置一个元件前,首先需要在对象选择器中选中所需元件。在对象选择器中选中 8086 后,会在预览窗口显示该元件的预览,如图 2.2.34 所示。

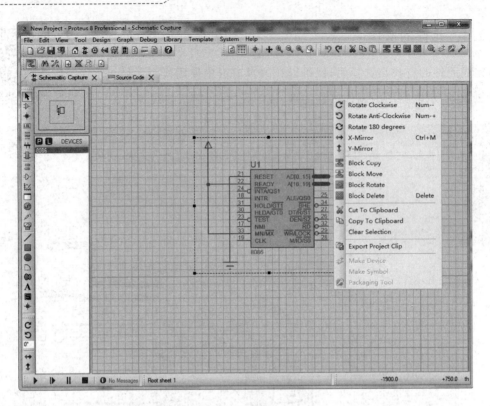

图 2.2.33　元件被框选后的效果

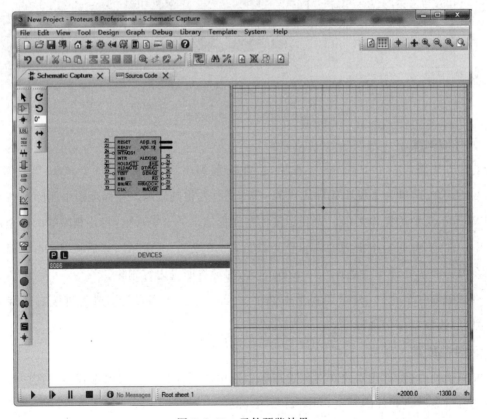

图 2.2.34　元件预览效果

将鼠标指针移到图形编辑区,鼠标指针将会变为铅笔形状。此时,单击就会出现一个 8086 的虚影,如图 2.2.35 所示。下面分几种情况说明相关的操作。

- 此时,可以通过键盘上的"＋"或"－"分别实现逆时针或顺时针的旋转。
- 确定元件的位置及方向后,单击即可完成元件的放置。
- 连续放置同一元件时,可直接在图形编辑区单击放置。
- 若要添加其他元件,则需要在对象选择器中重新选择所需元件,然后放置即可。
- 当选中某个元件并在图形编辑区出现虚影后,需要改选另一种元件时,可右击窗口取消当前选择,然后重新选择所需元件进行相关操作。
- 当所有元件添加完成后,单击"Selection Mode"按钮 返回到选择模式。

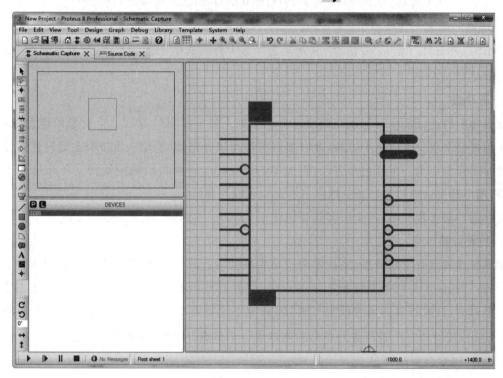

图 2.2.35　8086 的虚影

3. 元件的方位调整

元件的旋转除了可以在上述的元件放置前进行外,还可以在元件放置完成后进行。具体方法有 3 种,选中元件后,分别进行如下操作。

- 单击方位控制按钮完成相应的旋转操作。
- 利用键盘上的"＋"或"－"实现相应的旋转。
- 右击元件,在弹出的快捷菜单中选择相应的旋转命令。

2.2.6　连线

放置好元件后,即可开始进行元件之间的连线操作。Proteus 提供了一种"Wire Autorouter"连线模式,也称自动连线。使用该模式进行连线时,连线将随着鼠标以直角方式移动,直至到达目标位置。该模式在默认情况下处于打开状态,可以通过菜单"Tool"→"Wire Autorouter"命令或者利用工具栏中的图标进行切换。

若关闭该模式,则系统将会切换到完全手工模式。此时,起始点和目标点之间通过直线连接。如果需要在某点处改变方向,则可在该点单击后继续连线。

连线

注意,在系统自动连线过程中,按住"Ctrl"键,系统将切换到完全手工模式,从而利用此方法绘制折线,松开"Ctrl"键后,系统将恢复到自动连线模式。

完成初期的连线后,需要放置并连接某些终端。本例用到 4 类通用终端:默认终端(DEFAULT)、电源终端(POWER)、地终端(GROUND)和总线终端(BUS)。

1. 终端的放置

单击"Terminals Mode"按钮▤,从对象选择器中分别选中上述 4 类终端,并放置到 8086 周围的合适位置。

2. 画导线

根据前面所述,Proteus 可以在画线时自动检测。当鼠标指针靠近一个对象的连接点时,鼠标指针位置会出现一个红色小方块,此时单击并移动鼠标指针(不用一直按着左键),到达另一个连接点时同样会出现一个红色小方块,再次单击,Proteus 将会自动确定线径。在此过程中的任何时刻,用户都可以通过按"ESC"键或右击窗口来放弃画线。

按上述方法连接 8086 各个引脚到各个终端。

3. 放置线路节点

如果在交叉点有电路节点,则认为两条导线在电气上是相连的,反之则认为它们在电气上是不相连的。Proteus 在两条导线相汇于一点时,会智能地添加节点。两条导线交叉而过时是不会添加节点的,这时若要两条导线电气连接,只能手工放置节点。单击"Junction Dot Mode"按钮✛,将鼠标指针放在所需位置并单击就能放置一个节点,从而建立电气连接。

4. 画总线及分支线

为了简化原理图,Proteus 支持用一条导线代表数条并行的导线,这就是总线。单击"Buses Mode"按钮┿,即可在编辑窗口画总线。

画总线分支线时,为了和一般的导线进行区分,常用斜线表示分支线。但这时不可以打开自动连线模式,需要将该功能关闭。

2.2.7　元件标签

每一个元件都有对应的编号,电阻、电容还有相应的量值。元件标签的位置和可视性完全由用户控制,用户可以改变取值、移动位置或隐藏这些信息。用户可以通过右击元件,在弹出的快捷菜单中选择"Edit Properties",打开对话框进行设置。图 2.2.36 所示为 8086 编辑属性对话框。

当元件的标签需要移动到比较合适的地方时,可以选中标签(如"U1""8086")进行移动。

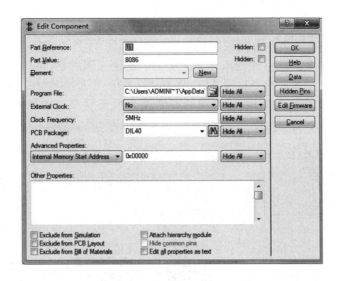

图 2.2.36　8086 编辑属性对话框

2.2.8　器件的标注

器件的标注

为了使原理图更加清晰明了,可以对器件进行标注,标注相同则认为两者之间建立了有效的电气连接,从而避免了导线的直接连接。Proteus 中常用的标注方式有以下两种。

- 手动标注:进入对象的"Edit Properties"对话框进行设置。
- 属性分配工具(PAT):使用这个工具可以快速放置固定或递增的标注。

下面以图 2.2.32 中的几种不同类型的标注为例进行说明。

使用手动标注方法打开与 8086 的 17 号引脚相连的终端的编辑属性对话框,如图 2.2.37 所示,在 String 后面输入 NMI,即可完成该终端标注的添加。

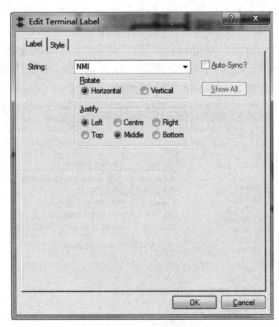

图 2.2.37　终端编辑属性对话框

为了完成对 34 号引脚所连终端的标注,以同样的方式打开编辑属性对话框后,应在 String 后面输入♯BHE,其中的♯表示上划线。类似地,为了标注 28 号引脚所连终端,则需要在 String 后面输入 M/♯IO。其余终端标注的添加方式类似。需要强调的是,对于总线终端,在 String 后面输入 AD[0..15],表示地址线 $AD_0 \sim AD_{15}$ 共 16 根,其中,0 和 15 之间是两个点。

为了说明属性分配工具的使用过程,假设要完成图 2.2.38 所示各个总线分支线的标注。

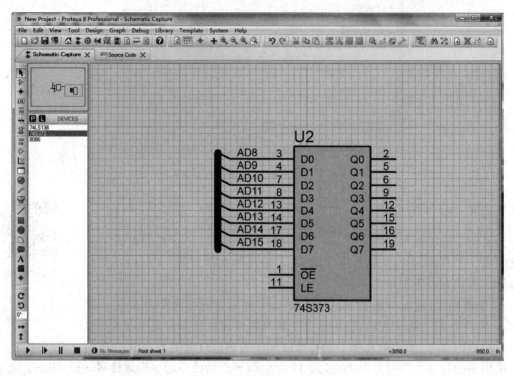

图 2.2.38 属性分配工具的使用

对于各个分支线的连接,除了可以采用前述方法逐个完成外,还可以利用如下技巧:在完成引脚 3 和总线的连接后,只需双击其余引脚即可完成连接。

选择菜单"Tool"→"Properties Assignment Tool"命令,或利用快捷键"A"打开图 2.2.39 所示的属性分配工具对话框,并在 String 栏中输入 NET=AD♯,在 Count 栏中输入 8,单击"OK"按钮完成设置。其中,Count 表示起始数,Increment 表示递增数,♯将会被 Count 及递增结果代替。

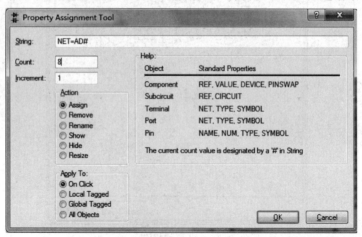

图 2.2.39 属性分配工具对话框

此时,鼠标指针移到分支线上方时,会变成手形并伴有一个绿色矩形框,表示 Proteus 会以递增方式对导线进行标注。单击导线即会标注 AD8,再移动到下一导线并单击即会标注 AD9,直到最后一根导线被标注为 AD15。

当完成标注后,不再使用该方式进行标注时,需要再次进入属性分配工具对话框,按"ESC"键或单击"Cancel"按钮。

2.2.9 入门案例

使用 Proteus 8.4 进行仿真的过程一般包括 3 个阶段:电路图设计、代码编写、仿真与调试。下面以一个简单 I/O 接口电路为例进行说明。设计一个如图 2.2.40 所示的电路,一共由 5 个模块组成:CPU 模块、地址译码模块、读/写译码模块、输入接口模块和输出接口模块。实现的功能为:在输入接口模块中按动开关,在输出接口模块中的 LED 灯会随之产生亮灭的变化。

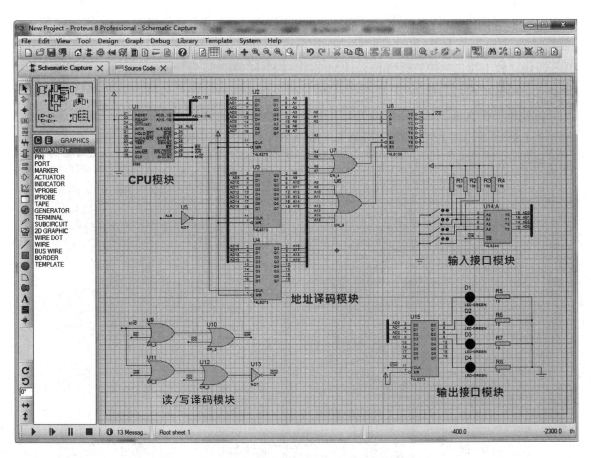

图 2.2.40 简单 I/O 接口电路

1. 电路图设计

为了清晰地了解各个引脚的连线及标注,分别将各个模块单独显示,如下所示。

CPU 模块产生有关的控制信号,并完成对数据的处理,如图 2.2.41 所示。

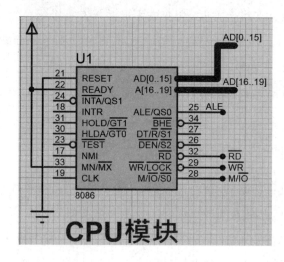

图 2.2.41　CPU 模块

　　另外需要说明的是,在仿真开始前应对 8086 CPU 的属性值进行修改。右击 8086 CPU,选择"Edit Properties"命令打开对话框,在"Advanced Properties"的下拉选项中修改"Internal Memories Size"的值为 0x100。其他属性也可根据情况适当修改。

CPU 模块

地址译码模块

　　地址译码模块用于形成译码电路,利用 74LS273 对地址信号进行锁存,接入 74LS138 译码器的输入端,以便在输出端 Y_0 引脚上产生一个有效的地址译码信号 $\overline{IO_0}$,如图 2.2.42 所示。

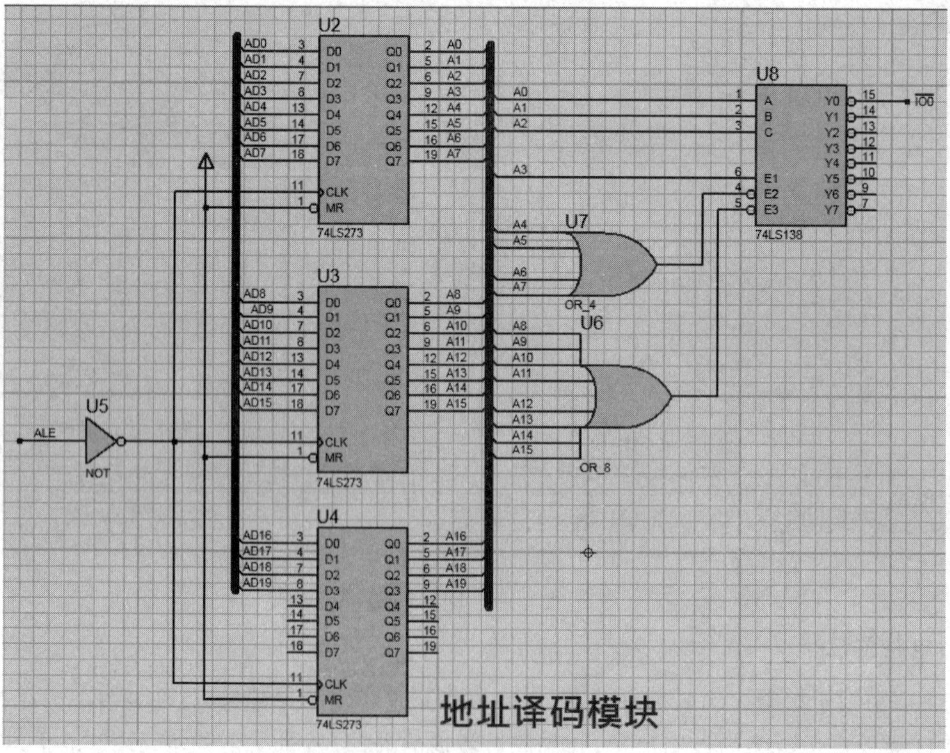

图 2.2.42　地址译码模块

读/写译码模块根据地址译码信号,并结合读/写控制信号,形成有效的输入接口和输出接口的译码,如图 2.2.43 所示。

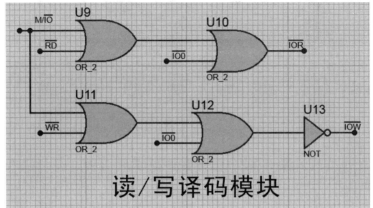

图 2.2.43 读/写译码模块

输入接口模块将开关信号经由 74LS244 送往系统总线,完成外部设备信号的输入,如图 2.2.44 所示。

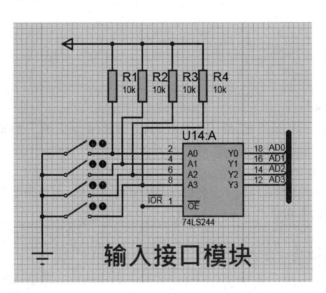

图 2.2.44 输入接口模块

输出接口模块将总线上送来的数据信号经由 74LS273 锁存,并利用 LED 灯来显示,如图 2.2.45 所示。注意,其中的电阻阻值不能太大,否则 LED 灯通过的电流太小会导致不能发光。本例中设置的电阻阻值为 10 Ω。

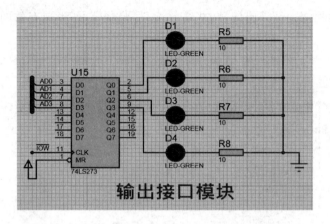

图 2.2.45　输出接口模块

2．代码编写

根据地址译码模块中有效地址的产生信号,可以判断出其有效地址为08H。因此,在程序中使用该地址作为读/写地址。完整代码如下所示。

代码编写

```
CODE      SEGMENT PUBLIC 'CODE'
          ASSUME CS:CODE
START:
          ; Write your code here
          IN AL,08H
          NOT AL
          OUT 08H,AL
          JMP START
CODE      ENDS
          END START
```

切换到图 2.2.23 所示的界面,输入上述代码,完成编写并保存。选择菜单"Built"→"Built Projects"命令,对源代码进行编译检查,若无误则会在下方窗口中提示"Compiled Successfully",否则修改相应错误并重新编译。

注意,程序中所使用的端口号 08H 是根据译码电路确定的,当译码电路发生变化时,其值也应做相应的修改,否则将不能产生正确的变化。

3．仿真与调试

当电路原理图编辑完成且源代码没有语法错误时,即可开始仿真运行。

（1）运行模式

单击状态栏 中的连续运行按钮 ▶,电路进入仿真状

仿真与调试

态。通过单击开关来回切换开关的状态,观察 LED 灯的变化。在本例中,某开关闭合,则对应的 LED 灯发光。若不能正确看到变化,则需要检查电路图或源代码中可能存在的各种错误。

（2）调试模式

单击状态栏 ▶ ▷ ❚❚ ■ 中的单步运行按钮 ▷,可使电路从仿真状态切换到调试状态。默认设置下,源代码调试界面如图 2.2.46 所示。

图 2.2.46 中,上面的窗口是源代码窗口,程序执行到某处,在该行程序的最左边会出现一个红色的箭头,同时该行程序呈高亮显示状态,下面的窗口是变量窗口,用户可以在此看到一些变

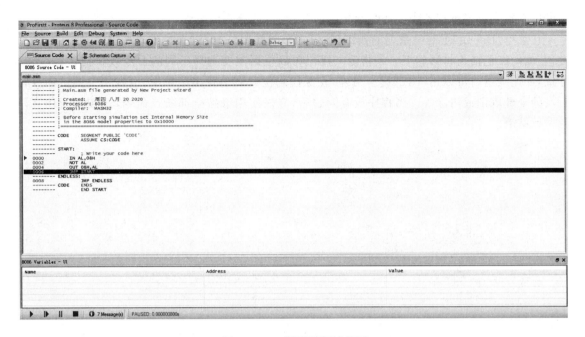

图 2.2.46 源代码调试界面

量的值。若用户想查看寄存器的变化情况,依次选择菜单"Debug"→"8086"→"Register",即可在窗口下方打开相应的窗口,如图 2.2.47 所示。

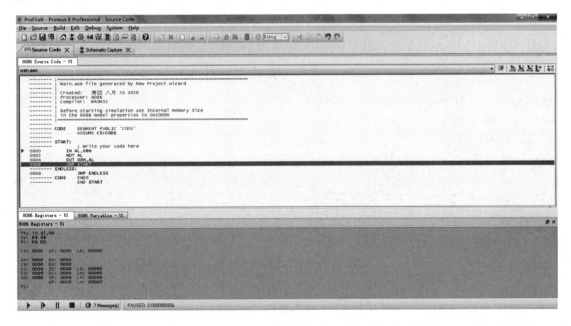

图 2.2.47 打开寄存器窗口

单击单步运行按钮 ▶ 一次,则程序执行一条指令。若想要程序连续执行多行后停止,则需要设置断点。

在源代码窗口单击某行,使该行呈高亮显示后,右击并在弹出菜单中选择"Toggle（Set/Clear）Breakpoint"命令即可设置断点。直接双击某代码行,可快速设置断点。设置断点后的代码行左侧会出现一个红色圆点,表示当程序连续运行到该位置时会暂停。此时,用户可以通过各种窗口查看变量或寄存器中值的变化情况,以发现可能存在的错误。

在菜单"Debug"下有一系列的调试键,但多数时候用"F10"键来单步运行程序,按一次"F10"键,左侧的红色箭头将移到下一条指令。用户可以根据需要选择不同的命令或快捷键改变调试方式,如连续运行可以用"F12"键。另外,在源代码位置右击弹出菜单中,也有相关调试命令,如断点的全部取消或清除等。当程序没有问题后,应该使用清除全部断点命令,连续执行仿真,查看运行结果。

第3章 精选案例与实验指导

3.1 精选案例

3.1.1 微处理器

例1 8086 CPU 最小系统设计。

要求:设计 8086 CPU 最小工作模式下的系统配置,并给出仿真实现。

分析:根据案例要求,在 8086 CPU 最小工作模式下,需要用到的器件有 8086 微处理器、地址锁存器 74HC373、总线驱动器 74HC245。需要的 8086 CPU引脚信号有:地址/数据总线 $AD_{15} \sim AD_0$、地址/状态线 $A_{19}/S_6 \sim A_{16}/S_3$、地址锁存允许信号 ALE、数据发送/接收控制信号 $DT/\overline{R}$、数据允许信号 $\overline{DEN}$、读信号 $\overline{RD}$、写信号 $\overline{WR}$、存储器和 I/O 端口选择控制信号 $M/\overline{IO}$。

8086 CPU
最小系统

在上述器件和引脚的作用下,产生有效的系统总线。系统在 Proteus 仿真环境下的原理图如图 3.1.1 所示。注意,在使用外部时钟时,指定的时钟频率数值应使用大写数量单位,如 5M,不应写为 5m。

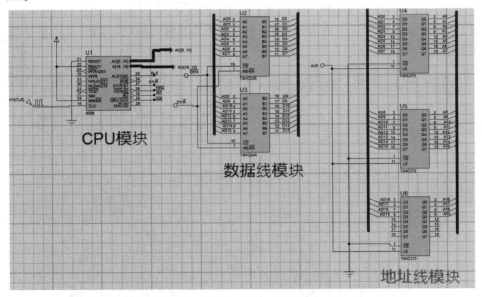

图 3.1.1 8086 CPU 最小系统原理图

例2 8086 CPU 最小系统控制流水灯。

要求:在 8086 CPU 最小工作模式下,对流水灯进行控制。流水灯的控制开关 K_0 通过输入接口 74HC245 接入 8086 CPU 系统;CPU 系统通过输出接口 74HC373 控制流水灯。当开关 K_0

闭合时($K_0=0$,接地),8086 CPU 使流水灯全部熄灭;当开关 K_0 断开时($K_0=1$,接入高电平),8086 CPU 使流水灯依次点亮。给出流水灯控制系统的原理图及控制程序,并仿真实现其功能。

分析:控制开关 K_0 的状态通过输入接口 74HC245 接入系统数据总线 D_0,8086 CPU 通过判断 K_0 的状态输出数据 $D_0 \sim D_7$ 到输出接口 74HC373 进行锁存,在 74HC373 的输出端通过 LED 灯显示数据状态。输入接口地址译码由地址线 A_1、$\overline{RD}$、$M/\overline{IO}$ 共同通过 3 输入或门产生,其地址为 00H。输出接口地址译码由地址线 A_1 取反后与 $\overline{WR}$、$M/\overline{IO}$ 共同通过 3 输入或非门产生,其地址为 02H。流水灯控制系统原理图如图 3.1.2 所示。

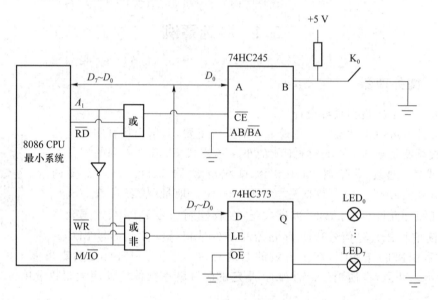

图 3.1.2 流水灯控制系统原理图

在例 1 的最小系统图 3.1.1 的基础上,增加输入模块和输出模块,其 Proteus 仿真如图 3.1.3 所示。

输入模块和
输出模块

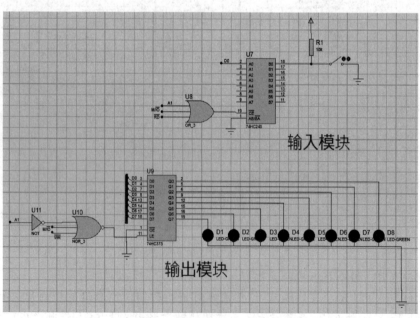

图 3.1.3 输入模块和输出模块

完成仿真原理图的设计以后,需要编写程序代码实现对流水灯的控制,其代码流程图如图 3.1.4 所示。

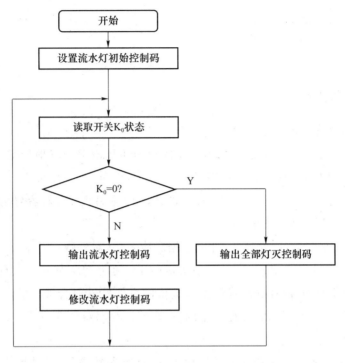

图 3.1.4 控制代码流程图

对应的源代码如下。

流水灯控制
代码编写

```
CODE      SEGMENT PUBLIC 'CODE'
          ASSUME CS:CODE

START:
          ; Write your code here
          MOV BL,01H                    ;设置流水灯初始控制码
NEXT:
          IN AL,00H                     ;从输入接口 00H 读入开关状态
          AND AL,01H                    ;保留最低位
          CMP AL,00H                    ;判断开关是否闭合
          JZ DONE                       ;若闭合,则跳转到 DONE 处,使流水灯全灭
          MOV AL,BL                     ;若断开,则将 BL 的值送入 AL
          OUT 02H,AL                    ;将 AL 的值送到输出接口 02H
          MOV CX,0FFFFH                 ;给 CX 赋值,准备软件延时
ABC:
          LOOP ABC                      ;循环延时
          ROL BL,01H                    ;左移一位
          JMP NEXT                      ;跳转到下一过程
DONE:
          MOV AL,00H                    ;设置 AL 为 LED 灯全灭的控制码
```

```
        OUT 02H,AL              ;送到输出接口 02H
        JMP NEXT                ;跳转到下一过程
ENDLESS:
        JMP ENDLESS
CODE    ENDS
        END START
```

3.1.2 存储器系统

例 1 8 位数据总线存储器系统设计。

要求:8088 CPU 工作在最小工作模式,需要配置 16 KB EPROM(地址空间为 10000H ～ 13FFFH)及 32 KB SRAM(地址空间为 18000H ～ 1FFFFH)。SRAM 芯片为 6264(容量为 8 KB),EPROM 芯片为 2764(容量为 8 KB),采用全地址译码法进行设计,译码器为 74LS138。

分析:8088 CPU 是准 16 位处理器,外部数据总线 8 位,对外数据传送一个总线周期只能传送一字节。但是在 Proteus 仿真环境下,只有 8086 CPU 芯片可以使用。为此,在 Proteus 仿真环境下,将 8086 CPU 的 16 位数据总线根据地址位的奇偶特性组合成一组 8 位的数据总线,模拟 8088 CPU 的 8 位外部数据总线。在此基础上,实现该存储器系统的设计过程如下。

(1)计算芯片数量

根据存储器系统总容量及选定存储器芯片容量,计算芯片数量:芯片数量＝总容量/芯片容量。已知 EPROM 总容量为 16 KB,芯片 2764 容量为 8 KB,则需 2764 芯片数＝16 KB/8 KB＝2;已知 SRAM 总容量为 32 KB,芯片 6264 容量为 8 KB,则需 6264 芯片数＝32 KB/8 KB＝4。

(2)地址分配表

根据已知的存储器地址空间,画出地址分配表,如表 3.1.1 所示。依据地址分配表、存储器片内寻址的地址线条数,分配用于片选的高位地址数量和用于片内寻址的低位地址数量。

表 3.1.1 8 位数据总线存储器系统地址分配表

编号	型号	地址分配	A_{19}	A_{18}	A_{17}	A_{16}	A_{15}	A_{14}	A_{13}	A_{12}	...			A_0
U_{11}	2764	10000H～11FFFH	0	0	0	1	0	0	0	0	0000	0000	000	0
			0	0	0	1	0	0	0	1	1111	1111	111	1
U_{12}	2764	12000H～13FFFH	0	0	0	1	0	0	1	0	0000	0000	000	0
			0	0	0	1	0	0	1	1	1111	1111	111	1
U_{13}	6264	18000H～19FFFH	0	0	0	1	1	0	0	0	0000	0000	000	0
			0	0	0	1	1	0	0	1	1111	1111	111	1
U_{14}	6264	1A000H～1BFFFH	0	0	0	1	1	0	1	0	0000	0000	000	0
			0	0	0	1	1	0	1	1	1111	1111	111	1
U_{15}	6264	1C000H～1DFFFH	0	0	0	1	1	1	0	0	0000	0000	000	0
			0	0	0	1	1	1	0	1	1111	1111	111	1
U_{16}	6264	1E000H～1FFFFH	0	0	0	1	1	1	1	0	0000	0000	000	0
			0	0	0	1	1	1	1	1	1111	1111	111	1

8 位数据总线
存储器系统设计

对地址分配表进行分析:系统低位地址线 $A_{12}\sim A_0$ 直接与存储器芯片的地址线 $A_{12}\sim A_0$ 相连,用于片内寻址,地址变化从 0 0000 0000 0000B 到 1 1111 1111 1111B;系统高位地址线 $A_{19}\sim A_{13}$ 用于产生片选信号,其中 $A_{19}A_{18}A_{17}A_{16}$ 接入译码器的控制端,$A_{15}A_{14}A_{13}$ 接入译码器的输入端。每个芯片 $A_{15}A_{14}A_{13}$ 的编码是不同的,只要 CPU 输出不同的高位地址,就能选中对应的存储器芯片,而 CPU 的低位地址线直接确定芯片内的存储单元。

(3) 存储器系统连接原理图

根据表 3.1.1 所示的地址线分配,可画出存储器系统全地址译码电路的连接原理图,如图 3.1.5 所示,芯片每个存储单元有唯一的地址。

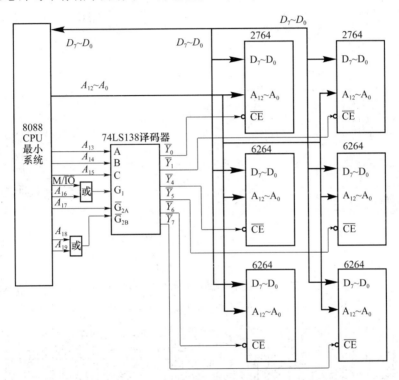

图 3.1.5　8 位数据总线存储器系统连接原理图

(4) Proteus 仿真电路图

根据连接原理图,在 Proteus 仿真环境下,可将其分成如下 7 个模块。

① CPU 模块

在图 3.1.6 所示的 CPU 模块中,设置 CPU 的 Internal Memory Size 属性为 0x10000,外部时钟指定频率为 5 MHz。

② 地址线模块

在地址线模块中,利用 74HC373 锁存器,在地址锁存允许信号 ALE 的作用下,将地址线 $AD_0\sim AD_{19}$ 锁存到 $A_0\sim A_{19}$,并将数据发送/接收控制信号 $DT/\overline{R}$ 锁存到信号 DTR 中。

③ 地址译码模块

在 74LS138 译码器的作用下,分别产生 6 个有效的输出信号 $\overline{Y_0}$、$\overline{Y_1}$、$\overline{Y_4}$、$\overline{Y_5}$、$\overline{Y_6}$ 和 $\overline{Y_7}$。根据表 3.1.1,其分别对应的存储器芯片编号为图 3.1.8 所示的 U_{11}、U_{12} 和图 3.1.9 所示的 U_{13}、U_{14}、U_{15}、U_{16}。

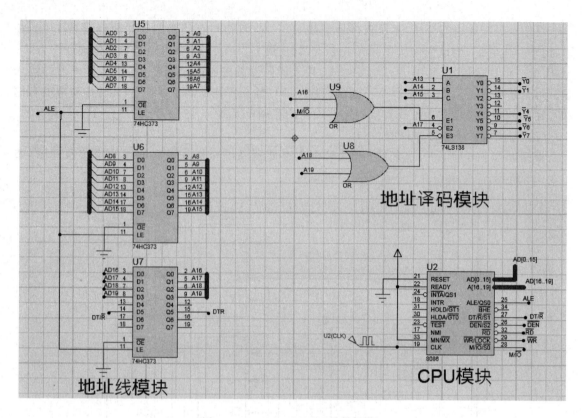

图 3.1.6 CPU、地址线及译码模块

④ 数据线模块

在数据允许信号 $\overline{\text{DEN}}$ 及数据发送/接收控制信号 DT/$\overline{\text{R}}$ 的共同作用下,利用数据总线收发器 74HC245 将数据总线 $AD_0 \sim AD_{15}$ 信号保存到引脚 $D_0 \sim D_{15}$,如图 3.1.7 所示。

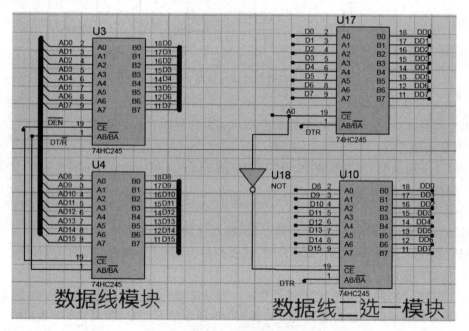

图 3.1.7 数据线及其二选一模块

⑤ 数据线二选一模块

根据前面的分析,利用地址信号 A_0 的奇偶特性,将 8086 CPU 的 16 位数据总线 $D_0 \sim D_{15}$ 分成两个 8 位数据进行传送。当 $A_0 = 0$(即偶地址)时,将 8086 CPU 的低 8 位数据 $D_0 \sim D_7$ 转换为 $DD_0 \sim DD_7$ 进行收发。当 $A_0 = 1$(即奇地址)时,将 8086 CPU 的高 8 位数据 $D_8 \sim D_{15}$ 转换为 $DD_0 \sim DD_7$ 进行收发。其收发控制在 DTR 引脚的作用下,进行双向选择。

⑥ ROM 模块

ROM 模块的设计如图 3.1.8 所示,利用两块 8K×8 位的 2764 构成 16 KB 的 ROM 存储区。地址线 $A_0 \sim A_{12}$ 用于芯片内部寻址,数据线 $DD_0 \sim DD_7$ 用于 8 位数据的收发。74LS138 译码器的输出 $\overline{Y}_0$ 用于选择 U_{11},$\overline{Y}_1$ 用于选择 U_{12}。

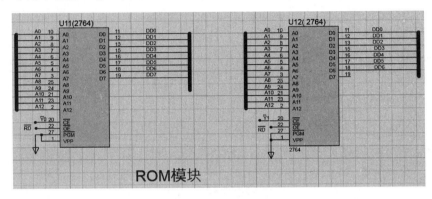

图 3.1.8 ROM 模块

⑦ RAM 模块

RAM 模块的设计如图 3.1.9 所示,利用 4 块 8K×8 位的 6264 构成 32 KB 的 RAM 存储区。地址线 $A_0 \sim A_{12}$ 用于芯片内部寻址,数据线 $DD_0 \sim DD_7$ 用于 8 位数据的收发。74LS138 译码器的输出 $\overline{Y}_4$、$\overline{Y}_5$、$\overline{Y}_6$ 和 $\overline{Y}_7$ 分别用于选择 U_{13}、U_{14}、U_{15} 和 U_{16}。

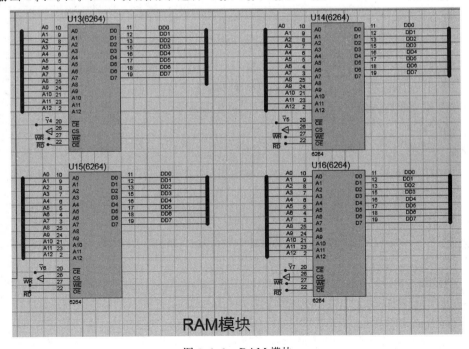

图 3.1.9 RAM 模块

（5）扩展存储器系统设计验证

编写数据传送程序,验证扩展存储器系统设计。将 34H～43H 的 16 个数据写入内存地址从 18000H 开始的单元中,即芯片 U_{13} 中的偏移地址从 0000 开始的单元。并将上述数据从 18000H 单元依次读出,送到从 1C000H 开始的 16 个单元中,即芯片 U_{15} 中的偏移地址从 0000 开始的单元。程序运行后检查内存中从 1800H:0000H 和 1C00H:0000H 开始的内存单元中是否有 34H～43H 数据。程序如下所示。

```
CODE    SEGMENT
        ASSUME CS:CODE,DS:DATA1,ES:DATA2
START:
        MOV AX,1800H          ;使用编号为 U₁₃ 的 6264
        ;MOV AX,1A00H         ;使用编号为 U₁₄ 的 6264
        MOV DS,AX             ;段地址
        MOV BX,OFFSET ABC1    ;取内存单元的偏移地址
        MOV CX,16
        MOV AL,34H            ;设置初值
        MOV [BX],AL           ;首个字节需要写两遍
NEXT1:
        MOV [BX],AL           ;后面的字节写一遍
        INC AL
        INC BX
        DEC CX
        JNZ NEXT1
        MOV AX,1C00H          ;使用编号为 U₁₅ 的 6264
        ;MOV AX,1E00H         ;使用编号为 U₁₆ 的 6264
        MOV ES,AX             ;段地址
        MOV SI,OFFSET ABC1    ;取内存单元的偏移地址
        MOV DI,OFFSET ABC2
        MOV CX,16             ;设置次数
NEXT2:
        MOV AL,[SI]
        MOV ES:[DI],AL
        INC SI
        INC DI
        DEC CX
        JNZ NEXT2
DONE:
        JMP DONE
CODE    ENDS
```

```
DATA1 SEGMENT
      ABC1 DB 16 DUP(0)
DATA1 ENDS


DATA2 SEGMENT
      ABC2 DW 8 DUP(0)
DATA2 ENDS
      END START
```

程序运行结果如图 3.1.10 所示。

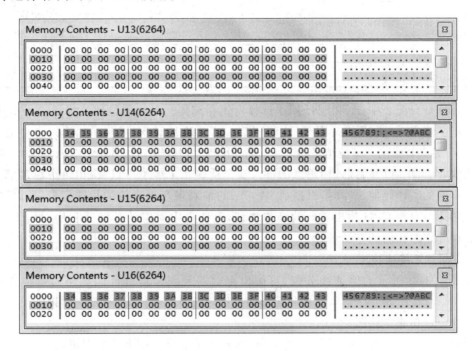

图 3.1.10　程序运行结果(一)

例 2　16 位数据总线存储器系统设计。

要求:在例 1 的基础上,利用 8086 CPU 设计 16 位数据总线存储器系统。

分析:8086 CPU 对外数据总线是 16 位,扩展存储器系统设计时采用奇偶分体的存储器结构,两个存储体使用 A_0 和 $\overline{BHE}$ 来区分: $A_0=0$ 选中偶存储体, $\overline{BHE}=0$ 选中奇存储体,存储体内的片选和片内寻址由 $A_{19}\sim A_1$ 来确定。当 $A_0=0$ 及 $\overline{BHE}=0$ 时,奇偶存储体同时选中,传送 16 位数据。具体步骤如下。

16 位数据总线
存储器系统设计

(1) 计算芯片数量

EPROM 芯片数量＝16 KB/8 KB＝2,SRAM 芯片数量＝32 KB/8 KB＝4。

(2) 地址分配表

地址分配表如表 3.1.2 所示。

表 3.1.2　16 位数据总线存储器系统地址分配表

编号	型号	地址分配	A_{19}	A_{18}	A_{17}	A_{16}	A_{15}	A_{14}	A_{13}	A_{12}	...	A_1	A_0
U_{11}	2764(偶)	10000H～13FFEH	0	0	0	1	0	0	0	0	0000 0000 00	0	0
			0	0	0	1	0	0	1	1	1111 1111 11	1	0
U_{12}	2764(奇)	10001H～13FFFH	0	0	0	1	0	0	0	0	0000 0000 00	0	1
			0	0	0	1	0	0	1	1	1111 1111 11	1	1
U_{13}	6264(偶)	18000H～1BFFEH	0	0	0	1	1	0	0	0	0000 0000 00	0	0
			0	0	0	1	1	0	1	1	1111 1111 11	1	0
U_{14}	6264(奇)	18001H～1BFFFH	0	0	0	1	1	0	0	0	0000 0000 00	0	1
			0	0	0	1	1	0	1	1	1111 1111 11	1	1
U_{15}	6264(偶)	1C000H～1FFFEH	0	0	0	1	1	1	0	0	0000 0000 00	0	0
			0	0	0	1	1	1	1	1	1111 1111 11	1	0
U_{16}	6264(奇)	1C001H～1FFFFH	0	0	0	1	1	1	0	0	0000 0000 00	0	1
			0	0	0	1	1	1	1	1	1111 1111 11	1	1

在上述地址分配表中，A_0 和 $\overline{BHE}$ 用于选择奇偶存储体。系统低位地址线 $A_{13} \sim A_1$ 用于片内寻址，直接连接到存储器芯片的地址线 $A_{12} \sim A_0$，地址信号可从 0 0000 0000 0000B 到 1 1111 1111 1111B 变化。高位地址线 $A_{19} \sim A_{14}$ 用于产生片选信号，其中 A_{19}、A_{18} 和 A_{17} 接入译码器的控制端，A_{16}、A_{15} 和 A_{14} 接入译码器的输入端。从表 3.1.2 中可以看出，每个芯片 $A_{16}A_{15}A_{14}$ 的编码是不同的。译码器工作时，根据 $A_{16}A_{15}A_{14}$ 的编码来产生有效的片选信号，从而选中对应的存储器芯片。只要 CPU 输出不同的高位地址，就能选中对应的存储器芯片，而 CPU 的低位地址线直接确定芯片内的存储单元。

（3）存储器系统连接原理图

根据表 3.1.2 所示的地址线分配，可画出存储器系统全地址译码电路的连接原理图，如图 3.1.11 所示，芯片每个存储单元被分配为偶存储体或奇存储体，且有唯一的地址。

（4）Proteus 仿真电路图

根据图 3.1.11 所示的原理图，在 Proteus 仿真环境下设计如下 6 个模块。

① CPU 模块

在图 3.1.12 所示的 CPU 模块中，需要设置 CPU 的 Internal Memory Size 属性为 0x10000，外部时钟指定频率为 5 MHz。注意，此处引脚高 8 位数据总线允许控制信号的标注为 BHE。

② 地址译码模块

74LS138 译码器在高位地址 $A_{14} \sim A_{19}$ 和 $M/\overline{IO}$ 的作用下，产生 3 个有效的输出控制信号 $\overline{Y}_4$、$\overline{Y}_6$ 和 $\overline{Y}_7$，分别用于和 A_0 及 $\overline{BHE}$ 结合，共同对 ROM 和 RAM 的奇偶存储体产生片选信号，如图 3.1.12 所示。

③ 数据线模块

在信号 $\overline{DEN}$ 和 $DT/\overline{R}$ 的控制下，利用数据总线收发器 74HC245 对数据总线信号 $AD_0 \sim AD_{15}$ 进行双向传送到 $D_0 \sim D_{15}$，如图 3.1.13 所示。

④ 地址线模块

除了在 ALE 的控制下，利用 74HC373 将地址线 $AD_0 \sim AD_{19}$ 锁存到 $A_0 \sim A_{19}$ 以外，还要将 CPU 产生的 BHE 信号锁存为 $\overline{BHE}$，如图 3.1.13 所示。

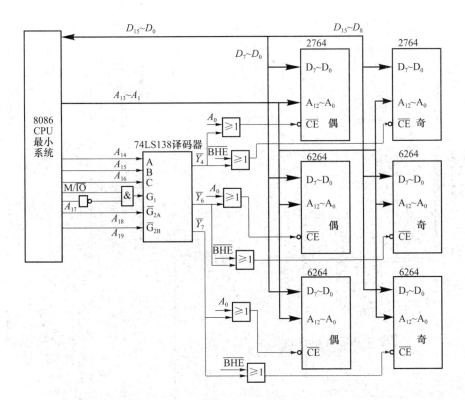

图 3.1.11　16 位数据总线存储器系统连接原理图

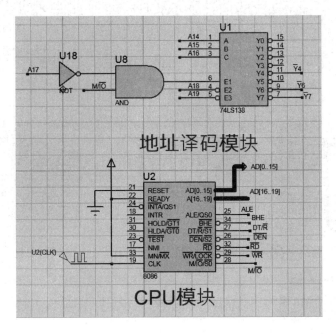

图 3.1.12　CPU 及地址译码模块

⑤ ROM 模块

在 A_0、$\overline{\text{BHE}}$ 及译码信号 $\overline{Y_4}$ 的共同作用下，产生有效的奇偶存储体的片选信号，选择 ROM 区域的偶存储体（U_{11}）和奇存储体（U_{12}），如图 3.1.14 所示。

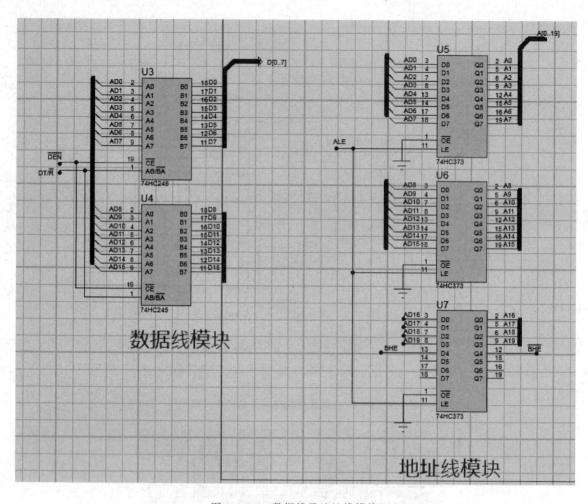

图 3.1.13　数据线及地址线模块

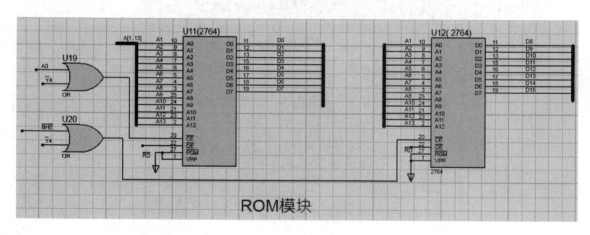

图 3.1.14　ROM 模块

⑥ RAM 模块

在 A_0、$\overline{\text{BHE}}$ 及译码信号 $\overline{Y}_6$、$\overline{Y}_7$ 的共同作用下,产生有效的奇偶存储体的片选信号,选择 RAM 区域的偶存储体(U_{13}、U_{15})和奇存储体(U_{14}、U_{16}),如图 3.1.15 所示。

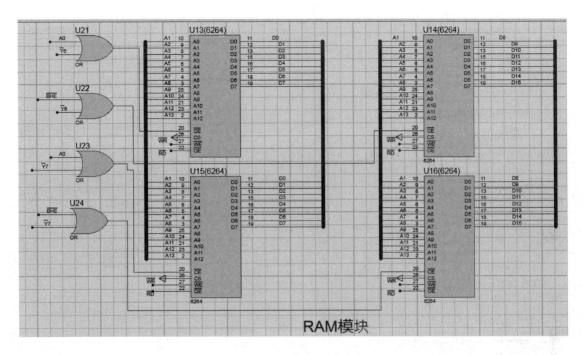

图 3.1.15 RAM 模块

（5）扩展存储器系统设计验证

编写数据传送程序，验证扩展存储器系统设计。将 34H～43H 的 16 个数据写入内存地址从 18000H 开始的单元中，即芯片 U_{13} 中存储偶地址对应的数据，芯片 U_{14} 中存储奇地址对应的数据。并将上述数据从 18000H 单元依次读出，送到从 1C000H 开始的 16 个单元中，即芯片 U_{15} 存储从芯片 U_{13} 中读出的偶地址单元数据，芯片 U_{16} 存储从芯片 U_{14} 中读出的奇地址单元数据。程序运行后检查内存中从 1800H:0000H 和 1C00H:0000H 开始的内存单元中是否有 34H～43H 数据。程序如下所示。

```
CODE  SEGMENT
      ASSUME CS:CODE,DS:DATA1,ES:DATA2
START:
    MOV AX,1800H
    MOV DS,AX          ;段地址
    MOV BX,OFFSET ABC1 ;取内存单元的偏移地址
    MOV CX,16
    MOV AL,34H         ;设置初值
    MOV [BX],AL        ;首个字节写两遍
NEXT1:
    MOV [BX],AL        ;后面的字节写一遍
    INC AL
    INC BX
    DEC CX
    JNZ NEXT1
    MOV AX,1C00H
    MOV ES,AX          ;段地址
```

```
        MOV SI,OFFSET ABC1      ;取内存单元的偏移地址
        MOV DI,OFFSET ABC2
        MOV CX,8                ;设置传送次数
NEXT2:
        MOV AX,[SI]             ;取一个字
        MOV ES:[DI],AX
        INC SI                  ;修改地址值
        INC SI
        INC DI
        INC DI
        DEC CX
        JNZ NEXT2
DONE:
        JMP DONE
CODE ENDS

DATA1 SEGMENT
    ABC1 DB 16 DUP(0)
DATA1 ENDS

DATA2 SEGMENT
    ABC2 DW 8 DUP(0)
DATA2 ENDS
        END START
```

程序运行结果如图 3.1.16 所示。

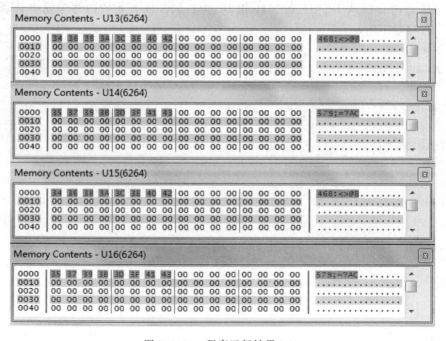

图 3.1.16　程序运行结果(二)

3.1.3 输入/输出技术

例1 利用开关控制二极管。

要求:使用简单的逻辑门电路,根据开关的状态控制 8 个二极管,开关闭合,二极管开始闪亮,开关断开,二极管保持当前状态不变。

分析:通过搭建逻辑门电路,利用部分地址译码产生有效的输入接口地址 83FCH～83FFH,利用全地址译码产生有效的输出接口地址 0FFFFH。将输入和输出的有效信号利用 74LS273 锁存,再利用 74LS244 作为输入接口,通过数据总线 AD_8 读入开关的状态。利用 74LS273 作为输出接口,通过高 8 位 $AD_8 \sim AD_{15}$ 输出控制码,实现对二极管的控制。需要注意的是,8086 CPU 的数据线的使用和访问的端口地址有关;若为偶地址,则使用低 8 位传输数据;若为奇地址,则使用高 8 位传输数据。据此,若使用的地址不同,则使用的数据线也不同。

输入接口和输出接口的实现原理如图 3.1.17 所示。

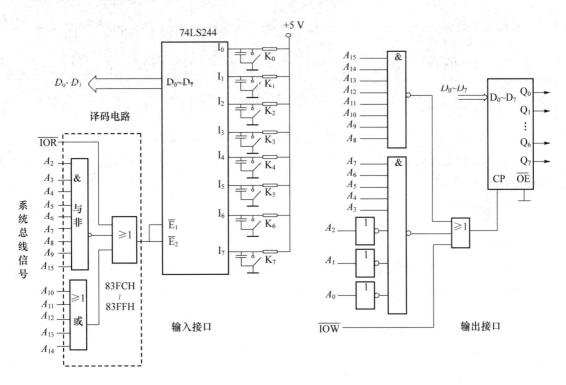

图 3.1.17 输入接口和输出接口的实现原理

根据实现原理,在 Proteus 环境下设计其仿真电路,如图 3.1.18 所示。输入接口和输出接口地址模块在逻辑门电路的组合下产生的有效接口地址信号经过 74LS273 锁存,分别接入输入接口和输出接口。输入接口利用 74LS244 将开关的状态通过 AD_8 输入 CPU。CPU 根据 AD_8 的状态输出控制码到输出接口,由输出接口芯片 74LS273 控制 LED 的显示状态。

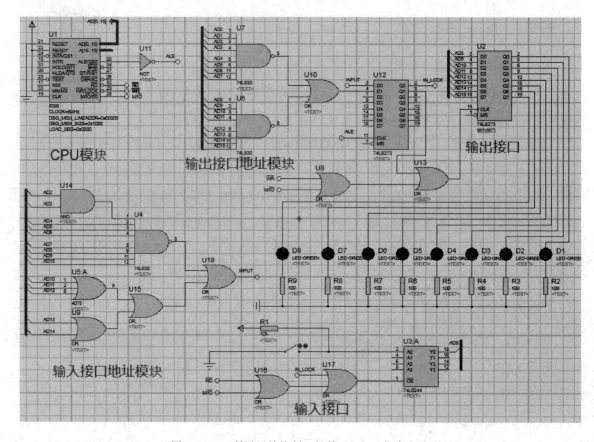

图 3.1.18 利用开关控制二极管 Proteus 仿真电路

汇编程序代码如下所示。

```
CODE SEGMENT 'CODE'
    ASSUME CS:CODE
START:
    MOV BL,55H              ;BL 中的值用于显示 LED 灯
    ;偶地址用低 8 位传送数据,奇地址用高 8 位传送数据
    ;83FCH 和 83FEH 偶地址用 AD₀ 作输入;83FDH 和 83FFH 奇地址用 AD₈ 作输入
N:
    MOV DX,83FDH            ;选择使用奇地址
    IN AL,DX
    TEST AL,01H             ;测试开关状态是否为闭合状态
    JZ L                    ;闭合开关
    JMP N

L:
    MOV DX,0FFFFH           ;设置输出接口地址
    MOV AL,BL               ;设置控制码
    OUT DX,AL               ;输出到输出接口
```

```
ROL BL,1                ;循环左移

JMP N

CODE   ENDS
  END START
```

例2 利用开关控制 LED 数码管。

要求:利用逻辑门电路产生有效译码信号,控制输入接口根据 4 个开关的不同状态组合,在输出接口的 LED 数码管上显示对应的十六进制字符。

利用开关控制
LED 数码管

分析:通过 74LS138 译码器产生有效的译码信号,利用 74LS244 作为输入接口,读入开关的状态组合并送入 CPU,CPU 再查找需要显示的对应字符的编码,将其送到输出接口并通过数码管显示。其实现原理如图 3.1.19 所示。

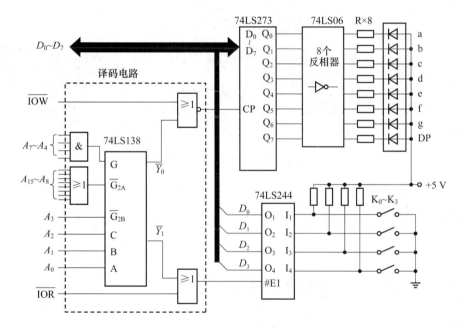

图 3.1.19 利用开关控制数码管的显示

根据实现原理,设计 Proteus 仿真电路,如图 3.1.20 所示。利用地址译码模块产生有效的译码信号 $\overline{Y_0}$ 和 $\overline{Y_1}$,结合 ALE 信号,通过锁存器接口芯片 74LS273 分别将输入接口信号 $\overline{Y_1}$ 和输出接口信号 $\overline{Y_0}$ 保存为 INPUT 和 OUTPUT 信号。在 CPU 产生读信号 $\overline{RD}$ 有效的前提下,利用 74LS244 将开关的状态组合通过数据总线送入 CPU 内部,根据程序控制进行输出。在 CPU 产生写信号 $\overline{WR}$ 有效的前提下,将对应的七段码通过数据总线送到 74LS273,利用 LED 数码管显示相应的字符。

例如:若 4 个开关 K_3、K_2、K_1、K_0 的状态组合为 0101,则在数码管上显示数字 5;若状态组合为 1011,则在数码管上显示字符 B。

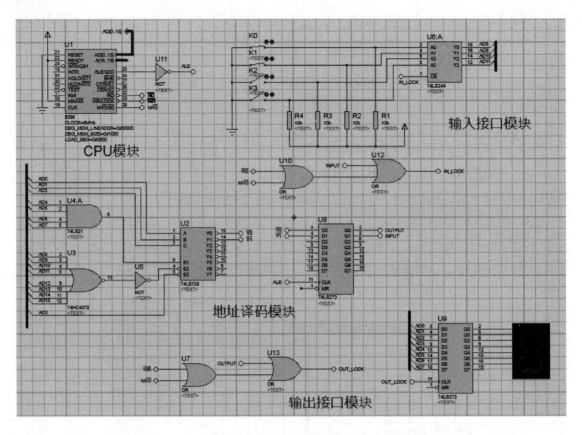

图 3.1.20 利用开关控制 LED 数码管 Proteus 仿真电路

汇编程序代码如下所示。

```
CODE SEGMENT 'CODE'
    ASSUME CS:CODE,DS:DATAS
START: MOV AX,DATAS
    MOV DS,AX
    ;偶地址用低 8 位传送数据,奇地址用高 8 位传送数据
N: LEA BX,TAB
    IN AL,0F1H                ;从输入接口地址读入开关状态到 AL
    AND AL,0FH               ;保留低 4 位
    XLAT                     ;查表转换,结果存入 AL
    OUT 0F0H,AL              ;输出结果到输出接口
    JMP START
CODE ENDS

DATAS SEGMENT
    ;数码管的七段码值
    TAB DB  3FH,06H,5BH,4FH,66H,6DH,7DH,07H,7FH,67H,
            77H,7CH,39H,5EH,79H,71H
DATAS ENDS
    END START
```

例3 利用接口芯片实现交通信号灯控制系统。

要求:使用简单接口芯片模拟交通信号灯的控制系统,实现红、黄、绿的循环显示。

分析:系统产生的地址信号由 74HC373 进行锁存,利用 74LS138 进行译码,结合 8086 CPU 的写信号将系统总线上输出的信号锁存到 74LS273 中,从 74LS273 的输出端控制各个路口的红、黄、绿灯的变化。

交通信号灯
控制系统

根据分析设计 Proteus 仿真电路,如图 3.1.21 所示。

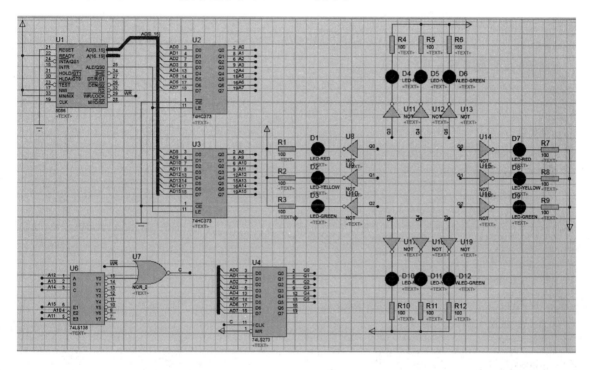

图 3.1.21 交通信号灯控制系统 Proteus 仿真电路

汇编程序代码如下所示。

```
CODE    SEGMENT PUBLIC 'CODE'
        ASSUME CS:CODE


START:
        MOV DX,8000H                ;DX 是地址
AGAIN:
        MOV AL,11100001B            ;R-G,红-绿
        OUT DX,AL
        CALL DELAY1
        CALL DELAY1
        MOV AL,11010001B            ;R-Y,红-黄
        OUT DX,AL
```

```
        CALL DELAY1
        MOV AL,11001100B              ;G-R,绿-红
        OUT DX,AL
        CALL DELAY1
        CALL DELAY1
        MOV AL,11001010B              ;Y-R,黄-红
        OUT DX,AL
        CALL DELAY1
        JMP AGAIN


DELAY1 PROC NEAR
        MOV CX,0FFFFH
        ;4 s左右
DELAY:
        PUSH AX
        POP AX
        PUSH AX
        POP AX
        PUSH AX
        POP AX
        LOOP DELAY
        RET
DELAY1 ENDP


ENDLESS:
        JMP ENDLESS
CODE    ENDS
        END START
```

3.1.4　可编程并行 I/O 接口 8255A

例 1　利用 8255A 读取并显示开关状态。

要求：正确设定 8255A 并行端口的工作方式，设计电路并编写程序，实现将 PB 口的开关状态通过 PA 口的发光二极管显示出来。

分析：设定 8255A 的 PA 口和 PB 口为方式 0，并指定 PB 口所连接的开关为输入，PA 口所连接的发光二极管为输出，通过编写程序，由 8086 CPU 将 PB 口的开关状态读入并通过 PA 口输出，以显示开关的状态。

利用 8255A 读取
开关状态

实现原理和程序流程图分别如图 3.1.22(a) 和图 3.1.22(b) 所示。

设计 Proteus 仿真电路，如图 3.1.23 所示。

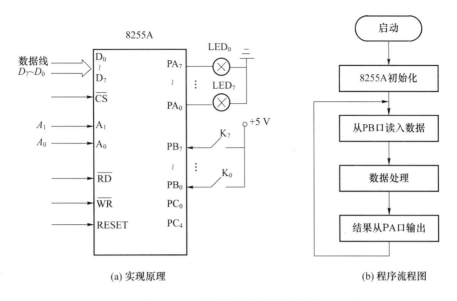

(a) 实现原理   (b) 程序流程图

图 3.1.22 实现原理和程序流程图

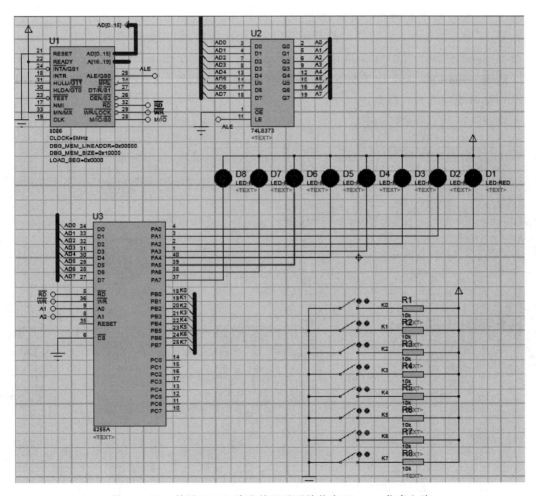

图 3.1.23 利用 8255A 读取并显示开关状态 Proteus 仿真电路

汇编程序代码如下所示。

```
CODE SEGMENT 'CODE'
    ASSUME CS:CODE
START:
    ;假设 A 口、B 口、C 口及控制端口地址分别为 20H、22H、24H、26H
    MOV AL,82H          ;控制字 10000010B,A 口输出(初始输出全为 0),B 口输入
    OUT 26H,AL          ;送控制端口
N:  IN AL,22H           ;从 B 口读入
    OUT 20H,AL          ;从 A 口输出
    JMP N
CODE ENDS
```

注意 在该程序中,8255A 的端口地址也可分别指定为 30H、32H、34H 及 36H。

例 2 利用 8255A 控制交通信号灯。

利用 8255A 控制
交通信号灯

要求:利用 8255A 重新构造一个交通信号灯控制系统。

分析:利用 8255A 的 PA 口,结合程序在不同时刻输出不同的控制码到各个路口的红、黄、绿 3 种颜色的发光二极管,模拟实际的交通信号灯的控制。

利用 Proteus 对本案例进行仿真,如图 3.1.24 所示。采用 74LS373 作为地址锁存器,保存端口地址,将 8255A 的片选信号 $\overline{CS}$ 直接接地,使其处于有效状态。设十字路口的南北方向为 A 道,东西方向为 B 道。仅使用 8255A 的 PA 口,其工作方式为方式 0 输出。PA 口的低 3 位 PA₀、PA₁、PA₂ 分别接 A 道的红、黄、绿灯;PA 口的 PA₃、PA₄、PA₅ 分别接 B 道的红、黄、绿灯。

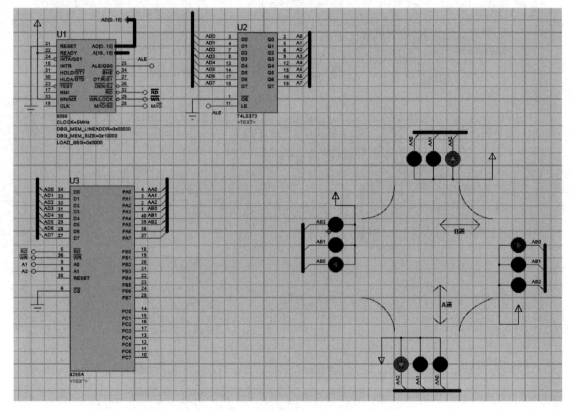

图 3.1.24　利用 8255A 控制交通信号灯 Proteus 仿真电路

汇编程序代码如下所示。

```
A_PORT EQU   0F0H
B_PORT EQU   0F2H
C_PORT EQU   0F4H
CT_PORT EQU  0F6H
CODE SEGMENT 'CODE'
     ASSUME CS:CODE
START:
     MOV AL,80H                ;控制字 10000000B,方式 0,A 口输出
     MOV DX,CT_PORT
     OUT DX,AL                 ;送控制端口
     ;A 道绿灯放行,B 道红灯禁止,循环周期开始
LP:  MOV AL,0F3H               ;11110011B,A 道(PA₂)绿灯亮,B 道(PA₃)红灯亮
     MOV DX,A_PORT
     OUT DX,AL                 ;从 A 口输出
     ;延时 10 s
     MOV CX,10
DP1:CALL DELAY100
     LOOP DP1
     ;A 道绿灯闪烁,B 道红灯禁止
     MOV AL,0F7H               ;11110111B,A 道(PA₂)绿灯灭,B 道(PA₃)红灯亮
     MOV DX,A_PORT
     OUT DX,AL                 ;从 A 口输出
     CALL DELAY100
     MOV AL,0F3H               ;11110011B,A 道(PA₂)绿灯亮,B 道(PA₃)红灯亮
     MOV DX,A_PORT
     OUT DX,AL                 ;从 A 口输出
     CALL DELAY100
     MOV AL,0F7H               ;11110111B,A 道(PA₂)绿灯灭,B 道(PA₃)红灯亮
     MOV DX,A_PORT
     OUT DX,AL                 ;从 A 口输出
     CALL DELAY100
     MOV AL,0F3H               ;11110011B,A 道(PA₂)绿灯亮,B 道(PA₃)红灯亮
     MOV DX,A_PORT
     OUT DX,AL                 ;从 A 口输出
     CALL DELAY100
     MOV AL,0F7H               ;11110111B,A 道(PA₂)绿灯灭,B 道(PA₃)红灯亮
     MOV DX,A_PORT
     OUT DX,AL                 ;从 A 口输出
     CALL DELAY100
     ;A 道黄灯亮,B 道红灯禁止
     MOV AL,0F5H               ;11110101B,A 道(PA₁)黄灯亮,B 道(PA₃)红灯亮
     MOV DX,A_PORT
     OUT DX,AL                 ;从 A 口输出
```

```
        ;延时 3 s
            MOV CX,3
DP2:CALL DELAY100
            LOOP DP2
        ;A 道红灯禁止,B 道绿灯放行
            MOV AL,0DEH          ;11011110B,A 道(PA0)红灯亮,B 道(PA5)绿灯亮
            MOV DX,A_PORT
            OUT DX,AL            ;从 A 口输出
        ;延时 10 s
            MOV CX,10
DP3:CALL DELAY100
            LOOP DP3
        ;A 道红灯禁止,B 道绿灯闪烁
            MOV AL,0FEH          ;11111110B,A 道(PA0)红灯亮,B 道(PA5)绿灯灭
            MOV DX,A_PORT
            OUT DX,AL            ;从 A 口输出
            CALL DELAY100
            MOV AL,0DEH          ;11011110B,A 道(PA0)红灯亮,B 道(PA5)绿灯亮
            MOV DX,A_PORT
            OUT DX,AL            ;从 A 口输出
            CALL DELAY100
            MOV AL,0FEH          ;11111110B,A 道(PA0)红灯亮,B 道(PA5)绿灯灭
            MOV DX,A_PORT
            OUT DX,AL            ;从 A 口输出
            CALL DELAY100
            MOV AL,0DEH          ;11011110B,A 道(PA0)红灯亮,B 道(PA5)绿灯亮
            MOV DX,A_PORT
            OUT DX,AL            ;从 A 口输出
            CALL DELAY100
            MOV AL,0FEH          ;11111110B,A 道(PA0)红灯亮,B 道(PA5)绿灯灭
            MOV DX,A_PORT
            OUT DX,AL            ;从 A 口输出
            CALL DELAY100
        ;A 道红灯禁止,B 道黄灯亮
            MOV AL,0EEH          ;11101110B,A 道(PA0)红灯亮,B 道(PA4)黄灯亮
            MOV DX,A_PORT
            OUT DX,AL            ;从 A 口输出
        ;延时 3 s
            MOV CX,3
DP4:CALL DELAY100
            LOOP DP4
            JMP LP               ;循环进入下一个周期
;1 s 延时程序
DELAY100 PROC
```

```
        PUSH CX                    ;保护现场
        MOV CX,0
        LOOP $
        LOOP $
        LOOP $
        MOV CX,15000
        LOOP $
        POP CX                     ;恢复现场
        RET
DELAY100 ENDP
CODE    ENDS
        END START
```

例3 利用 8255A 实现键盘接口。

要求:构造一个 4×4 键盘,利用 8255A 的 PC 口并结合行扫描法和反转法程序识别按键,通过 PA 口所连接的数码管显示键值。

分析:根据要求,设置 8255A 的控制字格式为 C 口低 4 位输出,C 口高 4 位输入,A 口输出。结合行扫描法和反转法的基本思想,编写对应的汇编程序代码。在 Proteus 仿真环境下设计电路,如图 3.1.25 所示。

利用 8255A 实现
键盘接口

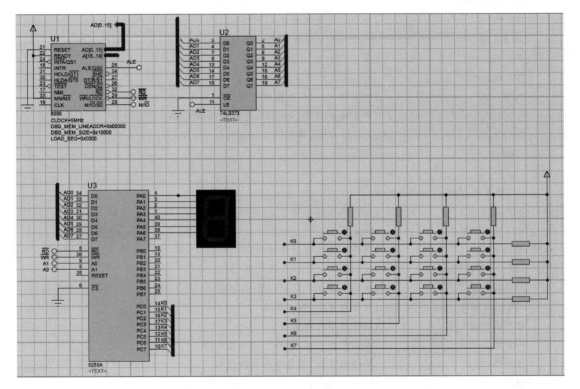

图 3.1.25 键盘接口仿真电路

行扫描法的汇编程序代码如下所示。

```
;定义 8255A 的端口地址
A_PORT EQU  0F0H
B_PORT EQU  0F2H
```

```
        C_PORT EQU  0F4H
        CT_PORT EQU  0F6H


        CODE SEGMENT 'CODE'
            ASSUME CS:CODE,DS:DATA
        START:
            MOV AX,DATA
            MOV DS,AX
            ;偶地址用低8位传送数据,奇地址用高8位传送数据
            ;地址选用偶地址,是为了使用8086的低8位传送数据
        KT:MOV AL,88H              ;控制字10001000B,方式0,A口输出,C口高4位输入
                                   ;B口输出,C口低4位输出

            MOV DX,CT_PORT
            OUT DX,AL              ;送控制端口


            ;判断有无键被按下
        NO_KEY:
            MOV AL,0
            MOV DX,C_PORT
            OUT DX,AL              ;从C口低4位输出全0,C₃～C₀
            IN AL,DX               ;从C口高4位输入C₇～C₄
            AND AL,0F0H            ;保留高4位,即列值
            CMP AL,0F0H
            JZ NO_KEY              ;若无键被按下,则继续检测等待
                                   ;若有键被按下,则延时,将列值保存到AH中
            MOV CX,0               ;去抖动延时,即很快的按键被忽略
            LOOP $


            ;组合键值(使用行扫描法)
            MOV CX,4               ;定义扫描的行数
            MOV AL,0FEH            ;设定第1次行扫描的数值为11111110,即从第0行开始扫描
        LN:MOV AH,AL              ;保存低4位的行值到AH中
            OUT C_PORT,AL         ;将行值从C口低4位送出
            IN AL,C_PORT          ;从C口高4位读入列值
            AND AL,0F0H           ;保留高4位,即列值
            CMP AL,0F0H           ;判断是否在当前行
            JNZ KP                ;说明在当前行,转到组合键值处理
            MOV AL,AH             ;不在当前行,准备下一行的扫描
            ROL AL,1              ;循环左移1位
            DEC CX
            JNZ LN                ;行未扫描完,转到下一行扫描
            JMP NO_KEY            ;出错,重新开始
        KP:
            AND AL,0F0H           ;保留高4位,即列值
```

```
        AND AH,0FH                   ;保留低4位,即行值
        OR AL,AH

        ;下面查找键值对应的七段码值
        LEA SI,KEY_CODE
        LEA DI,LED_SEV
        MOV CX,16
TT:CMP AL,[SI]
        JZ NN                       ;找到对应的键值
        DEC CX
        JZ KT                       ;查找完仍然没有比对成功,则重新开始
        INC SI
        INC DI
        JMP TT                      ;继续比较
        ;进行显示
NN:MOV AL,[DI]
        MOV DX,A_PORT
        OUT DX,AL
        ;等待键被释放
WT2:MOV AL,0
        OUT C_PORT,AL               ;C口低4位输出
        IN AL,C_PORT                ;C口高4位输入
        AND AL,0F0H                 ;保留高4位
        CMP AL,0F0H                 ;若键未被释放,C口高4位必定不全为1
                                    ;只有键被释放,C口高4位才全为1
        JNZ WT2                     ;等待键被释放

        ;在A口输出全0
        MOV AL,0                    ;避免对同一个按键多次重复按下,仅第一次显示
        OUT A_PORT,AL               ;只有对A口操作才有效,对B口操作无效

        JMP KT
CODE ENDS
DATA SEGMENT
    KEY_CODE    DB 0EEH,0DEH,0BEH,7EH,      ;第0行键值,0~3
                   0EDH,0DDH,0BDH,7DH,      ;第1行键值,4~7
                   0EBH,0DBH,0BBH,7BH,      ;第2行键值,8~B
                   0E7H,0D7H,0B7H,77H       ;第3行键值,C~F
        ;七段数码管值
    LED_SEV     DB 3FH,06H,5BH,4FH,66H,6DH,7DH,07H,    ;字符0~7
                   7FH,67H,77H,7CH,39H,5EH,79H,71H     ;字符8~F
DATA ENDS
    END START
```

使用反转法对按键进行识别,在组合键值时实现反转法即可,其完整的汇编程序代码如下所示。

```
;定义 8255A 的端口地址
A_PORT EQU    0F0H
B_PORT EQU    0F2H
C_PORT EQU    0F4H
CT_PORT EQU   0F6H


CODE SEGMENT 'CODE'
    ASSUME CS:CODE,DS:DATA
START:
    MOV AX,DATA
    MOV DS,AX
    ;偶地址用低 8 位传送数据,奇地址用高 8 位传送数据
    ;地址选用偶地址,是为了使用 8086 的低 8 位传送数据
KT: MOV AL,88H              ;控制字 10001000B,方式 0,A 口输出,C 口高 4 位输入
                           ;B 口输出,C 口低 4 位输出
    MOV DX,CT_PORT
    OUT DX,AL              ;送控制端口


    ;判断有无键被按下
NO_KEY:
    MOV AL,0
    MOV DX,C_PORT
    OUT DX,AL             ;从 C 口低 4 位输出全 0,C3～C0
    IN AL,DX              ;从 C 口高 4 位输入 C7～C4
    AND AL,0F0H           ;保留高 4 位,即列值
    CMP AL,0F0H
    JZ NO_KEY             ;若无键被按下,则继续检测等待
                         ;若有键被按下,则延时,将列值保存到 AH 中
    MOV CX,0             ;去抖动延时,即很快的按键被忽略
    LOOP $


    ;组合键值(使用反转法)
    MOV AH,AL            ;有键被按下,将列值保存到 AH 中
    MOV AL,81H           ;控制字 10000001B,方式 0,A 口输出,C 口高 4 位输出
                        ;B 口输出,C 口低 4 位输入
    OUT CT_PORT,AL
    MOV AL,AH
    OUT C_PORT,AL        ;C 口高 4 位输出
    IN AL,C_PORT         ;C 口低 4 位输入
    AND AL,0FH           ;保留低 4 位,即行值
    OR AL,AH             ;组合行列值,并存入 AL 中
```

```
        ;查找键值对应的七段码值
        LEA SI,KEY_CODE
        LEA DI,LED_SEV
        MOV CX,16
TT:CMP AL,[SI]
        JZ NN                       ;找到对应的键值
        DEC CX
        JZ KT                       ;查找完仍然没有比对成功,则重新开始
        INC SI
        INC DI
        JMP TT                      ;继续比较
        ;显示按键值
NN:MOV AL,[DI]
        MOV DX,A_PORT
        OUT DX,AL
        ;等待键被释放
WT2:MOV AL,0
        OUT C_PORT,AL               ;C 口高 4 位输出
        IN AL,C_PORT                ;C 口低 4 位输入
        AND AL,0FH                  ;保留低 4 位
        CMP AL,0FH                  ;若键未被释放,C 口低 4 位必定不全为 1
                                    ;只有键被释放,C 口低 4 位才全为 1
        JNZ WT2                     ;等待键被释放
        ;在 A 口输出全 0
        MOV AL,0                    ;避免对同一个按键多次重复按下,仅第一次显示
        OUT A_PORT,AL               ;只有对 A 口操作才有效,对 B 口操作无效

        JMP KT
CODE ENDS


DATA SEGMENT
    KEY_CODE DB   0EEH,0DEH,0BEH,7EH,      ;第 0 行键值,0~3
                  0EDH,0DDH,0BDH,7DH,      ;第 1 行键值,4~7
                  0EBH,0DBH,0BBH,7BH,      ;第 2 行键值,8~B
                  0E7H,0D7H,0B7H,77H       ;第 3 行键值,C~F
    ;七段数码管值
    LED_SEV  DB   3FH,06H,5BH,4FH,66H,6DH,7DH,07H,   ;字符 0~7
                  7FH,67H,77H,7CH,39H,5EH,79H,71H     ;字符 8~F
DATA ENDS
    END START
```

3.1.5　可编程计数器/定时器 8253A

例 1　利用 8253A 对外部事件进行计数。

要求:利用 8086 CPU 外接可编程计数器/定时器 8253A 对外部事件进行计数。

分析：设定 8253A 的计数器工作方式及计数初值，外部电路每产生一个脉冲，计数器进行减 1 计数，当计数结果为 0 时发光二极管点亮，以示计数结束。

利用 Proteus 对本案例设计仿真电路，如图 3.1.26 所示。该仿真电路采用 74LS373 作为地址锁存器，保存端口地址，将 8253A 的片选信号直接接地，使其处于有效状态。在程序中设定计数器 0 的工作方式为方式 0，并设定计数初值为 5。利用计数器 0 对脉冲电路所产生的信号进行减 1 计数，当计数结果减为 0 时在输出端 OUT₀ 产生高电平，经过反相器使得二极管发光，以示计数结束。

利用 8253A 的
计数功能

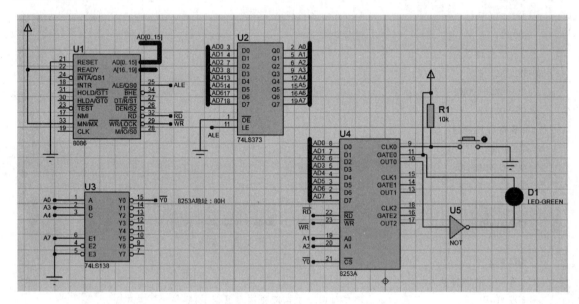

图 3.1.26　8253A 计数功能的 Proteus 仿真电路

本案例中所使用的程序代码如下所示。

```
;8253A 计数器 0、1、2 及控制端口地址
A8253 EQU 20H
B8253 EQU 22H
C8253 EQU 24H
CON8253 EQU 26H
CODE SEGMENT 'CODE'
    ASSUME CS:CODE
    START:
    MOV AL,10H        ;控制字 00010000B,通道 0,只送低 8 位,方式 0,二进制计数
    OUT CON8253,AL    ;送控制端口
    MOV AL,5          ;准备初值
    OUT A8253,AL      ;通道 0 低 8 位
    JMP $
CODE ENDS
    END START
```

例 2　利用 8253A 定时控制 LED 闪烁。

要求：利用 8086 CPU 外接可编程计数器/定时器 8253A 实现定时功能。

分析：设定 8253A 的计数器工作方式及计数初值，外部 CLK 信号输入一个计数器，其输出作为另一个计数器的输入，在后者的输出端产生所需要的定时信号。

利用 Proteus 对本案例设计仿真电路，如图 3.1.27 所示。该仿真电路采用 74LS373 作为地址锁存器，保存端口地址，将 8253A 的片选信号 $\overline{CS}$ 直接接地，使其处于有效状态。在给定的 1 MHz 信号下，要使 LED 灯闪烁的周期为 1 s，则所需要的计数初值为 1 000 000。由于该值超出了单个计数器的最大计数范围，因此需要采用两个计数器串联的方式完成。分别设定计数器 0 和计数器 1 的工作方式为方式 3，计数初值均为 1 000，则可从计数器的输出端产生周期为 1 s 的方波，从而控制 LED 灯的闪烁。

利用 8253A 的
定时功能

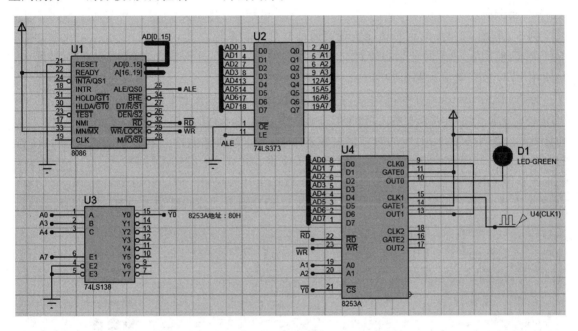

图 3.1.27 8253A 定时功能的 Proteus 仿真电路

本案例中所使用的程序代码如下所示。

```
;8253A 端口地址
CNT0   EQU   80H        ;计数器 0
CNT1   EQU   82H        ;计数器 1
CNT2   EQU   84H        ;计数器 2
CTL    EQU   86H        ;控制端口

CODE SEGMENT 'CODE'
    ASSUME CS:CODE
START:
    ;计数器 0 初始化
    MOV AL,36H          ;00110110B,计数器 0,先低后高,方式 3,二进制计数
    OUT CTL,AL
    MOV AX,1000
    OUT CNT0,AL         ;送计数器初值低 8 位
    MOV AL,AH
```

```
        OUT CNT0,AL          ;送计数器初值高 8 位
     ;计数器 1 初始化
        MOV AL,76H            ;01110110B,计数器 1,先低后高,方式 3,二进制计数
        OUT CTL,AL
        MOV AX,1000
        OUT CNT1,AL          ;送计数器初值低 8 位
        MOV AL,AH
        OUT CNT1,AL          ;送计数器初值高 8 位
        JMP $
CODE ENDS
        END START
```

例 3 利用 8253A 的定时功能实现交通信号灯控制系统。

要求:使用 8253A 的定时功能对交通信号灯的显示时间进行精确控制,并使用 LED 数码管显示剩余时间。

分析:利用 Proteus 对本案例设计仿真电路,如图 3.1.28 所示。通过 74LS138 分别产生对 8255A 和 8253A 的片选信号,在 8253A 中利用计数器 0 和计数器 1 的串联在 1 MHz 的时钟信号输入下,在 OUT 端每 1 秒产生信号的变化。其中计数器 0 使用方式 3,而计数器 1 使用方式 0。在 8255A 的 PC_7 口不断检测 OUT 端信号的变化,一旦达到 1 s 则产生计数变化。PC_0 口用于控制 A 道或 B 道上的数码管的显示,以便在 A 道或 B 道上的数码管最多只有一个在显示。

利用 8253A 的定时功能实现交通信号灯控制系统

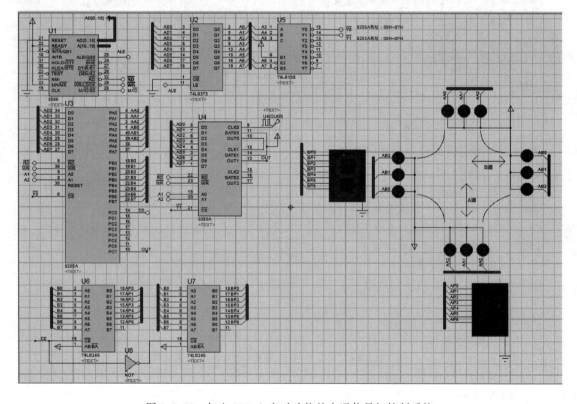

图 3.1.28　加入 8253A 定时功能的交通信号灯控制系统

本案例所使用的程序流程图如图 3.1.29 所示。

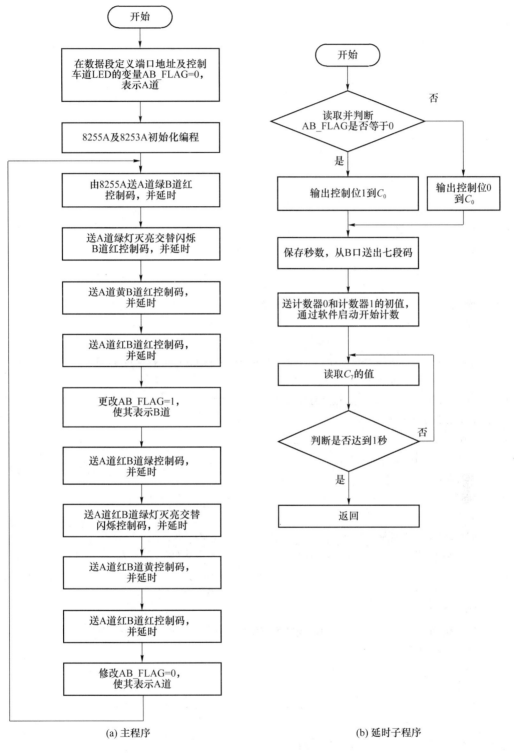

图 3.1.29 主程序及延时子程序流程图

根据流程图编写完整汇编代码,如下所示。

```
CODE    SEGMENT'CODE'
        ASSUME CS:CODE,DS:DATAS
START:
        MOV AX,DATAS
        MOV DS,AX
        ;8255A 的初始化
        MOV AL,88H              ;控制字 10001000B,方式 0,A 口输出,C 口高 4 位输入
                               ;B 口输出,C 口低 4 位输出
        MOV DX,CT_PORT
        OUT DX,AL              ;送控制端口

        ;8253A 计数器 0 的初始化
        MOV AL,36H             ;控制字 00110110B,计数器 0,方式 3,二进制计数
        MOV DX,CT1_PORT
        OUT DX,AL             ;送控制端口

        ;8253A 计数器 1 的初始化
        MOV AL,70H            ;控制字 01110000B,计数器 1,方式 0,二进制计数
        MOV DX,CT1_PORT
        OUT DX,AL             ;送控制端口
        ;******************* 主程序开始 *******************
        ;A 道绿灯放行,B 道红灯禁止,默认是 A 道,即 AB_FLAG = 0
LP:     MOV AL,0F3H            ;11110011B,A 道(PA2)绿灯亮,B 道(PA3)红灯亮
        MOV DX,A_PORT
        OUT DX,AL            ;从 A 口输出

        MOV CX,15
DP1:    CALL DELAY
        LOOP DP1
        ;A 道绿灯闪烁,B 道红灯禁止
        MOV AL,0F7H            ;11110111B,A 道(PA2)绿灯灭,B 道(PA3)红灯亮
        MOV DX,A_PORT
        OUT DX,AL            ;从 A 口输出
        CALL DELAY
        MOV AL,0F3H            ;11110011B,A 道(PA2)绿灯亮,B 道(PA3)红灯亮
        MOV DX,A_PORT
        OUT DX,AL            ;从 A 口输出
        CALL DELAY
        MOV AL,0F7H            ;11110111B,A 道(PA2)绿灯灭,B 道(PA3)红灯亮
        MOV DX,A_PORT
        OUT DX,AL            ;从 A 口输出
        CALL DELAY
        MOV AL,0F3H            ;11110011B,A 道(PA2)绿灯亮,B 道(PA3)红灯亮
        MOV DX,A_PORT
```

```
        OUT DX,AL                ;从 A 口输出
        CALL DELAY
        MOV AL,0F7H              ;11110111B,A 道(PA₂)绿灯灭,B 道(PA₃)红灯亮
        MOV DX,A_PORT
        OUT DX,AL                ;从 A 口输出
        CALL DELAY
        MOV AL,0F3H              ;11110011B,A 道(PA₂)绿灯亮,B 道(PA₃)红灯亮
        MOV DX,A_PORT
        OUT DX,AL                ;从 A 口输出
        CALL DELAY
        MOV AL,0F7H              ;11110111B,A 道(PA₂)绿灯灭,B 道(PA₃)红灯亮
        MOV DX,A_PORT
        OUT DX,AL                ;从 A 口输出
        CALL DELAY

        ;A 道黄灯亮,B 道红灯禁止
        MOV AL,0F5H              ;11110101B,A 道(PA₁)黄灯亮,B 道(PA₃)红灯亮
        MOV DX,A_PORT
        OUT DX,AL                ;从 A 口输出

        ;延时 3 □
        MOV CX,3
DP2:    CALL DELAY
        LOOP DP2

        ;A 道红灯亮,B 道红灯禁止
        MOV AL,0F6H              ;11110110B,A 道(PA₀)红灯亮,B 道(PA₃)红灯亮
        MOV DX,A_PORT
        OUT DX,AL                ;从 A 口输出

        ;延时 3 s
        MOV CX,3
DP3:    CALL DELAY
        LOOP DP3

        ;A 道红灯禁止,B 道绿灯放行
        ;修改标志为 B 道
        MOV AL,AB_FLAG
        INC AL
        MOV AB_FLAG,AL

        MOV AL,0DEH              ;11011110B,A 道(PA₀)红灯亮,B 道(PA₅)绿灯亮
        MOV DX,A_PORT
        OUT DX,AL                ;从 A 口输出
```

```
              ;延时 10 s
              MOV CX,10
     DP4：    CALL DELAY
              LOOP DP4


              ;A道红灯禁止,B道绿灯闪烁
              MOV AL,0FEH           ;11111110B,A道(PA0)红灯亮,B道(PA5)绿灯灭
              MOV DX,A_PORT
              OUT DX,AL             ;从A口输出
              CALL DELAY
              MOV AL,0DEH           ;11011110B,A道(PA0)红灯亮,B道(PA5)绿灯亮
              MOV DX,A_PORT
              OUT DX,AL             ;从A口输出
              CALL DELAY
              MOV AL,0FEH           ;11111110B,A道(PA0)红灯亮,B道(PA5)绿灯灭
              MOV DX,A_PORT
              OUT DX,AL             ;从A口输出
              CALL DELAY
              MOV AL,0DEH           ;11011110B,A道(PA0)红灯亮,B道(PA5)绿灯亮
              MOV DX,A_PORT
              OUT DX,AL             ;从A口输出
              CALL DELAY
              MOV AL,0FEH           ;11111110B,A道(PA0)红灯亮,B道(PA5)绿灯灭
              MOV DX,A_PORT
              OUT DX,AL             ;从A口输出
              CALL DELAY
              MOV AL,0DEH           ;11011110B,A道(PA0)红灯亮,B道(PA5)绿灯亮
              MOV DX,A_PORT
              OUT DX,AL             ;从A口输出
              CALL DELAY
              MOV AL,0FEH           ;11111110B,A道(PA0)红灯亮,B道(PA5)绿灯灭
              MOV DX,A_PORT
              OUT DX,AL             ;从A口输出
              CALL DELAY


              ;A道红灯禁止,B道黄灯亮
              MOV AL,0EEH           ;11101110B,A道(PA0)红灯亮,B道(PA4)黄灯亮
              MOV DX,A_PORT
              OUT DX,AL             ;从A口输出


              ;延时 3 s
              MOV CX,3
     DP5：    CALL DELAY
```

```
        LOOP DP5

        ;A 道红灯禁止,B 道红灯亮
        MOV AL,0F6H              ;11110110B,A 道(PA₀)红灯亮,B 道(PA₃)红灯亮
        MOV DX,A_PORT
        OUT DX,AL               ;从 A 口输出

        ;延时 3 s
        MOV CX,3
DP6:    CALL DELAY
        LOOP DP6
        ;修改标志为 A 道
        MOV AL,AB_FLAG
        DEC AL
        MOV AB_FLAG,AL

        JMP LP
        ;******************* 主程序结束 *******************
        ;1 s 精确延时
DELAY PROC
        MOV AL,AB_FLAG
        CMP AL,0
        JZ APATH
        ;设置 PC₀ 为高
        MOV AL,1
        OUT C_PORT,AL
        JMP SEC_DIS
APATH:
        ;设置 PC₀ 为低
        MOV AL,0
        OUT C_PORT,AL

SEC_DIS:
        ;保存剩余秒数
        MOV BX,CX
        ;从 PB 口输出剩余秒数到 LED
        LEA SI,TAB
        ADD BX,SI
        MOV AL,[BX]
        OUT B_PORT,AL

        ;设置计数器 0 的初值
        MOV AX,1000
        OUT A1_PORT,AL
```

```
        MOV AL,AH
        OUT A1_PORT,AL

        ;设置计数器1的初值
        MOV AX,1000
        OUT B1_PORT,AL
        MOV AL,AH
        OUT B1_PORT,AL

        ;判断计数时间是否达到1 s
N:      IN AL,C_PORT
        AND AL,80H
        CMP AL,80H
        JNZ N
        RET
DELAY ENDP
        JMP $
CODE    ENDS


DATAS SEGMENT
        ;七段码
        TAB DB   3FH,06H,5BH,4FH,66H,6DH,7DH,07H,7FH,67H,
                 77H,7CH,39H,5EH,79H,71H
        AB_FLAG DB 0           ;0表示A道,1表示B道
        ;8255A的端口地址
        A_PORT EQU    00H
        B_PORT EQU    02H
        C_PORT EQU    04H
        CT_PORT EQU   06H

        ;8253A的端口地址
        A1_PORT EQU   08H
        B1_PORT EQU   0AH
        C1_PORT EQU   0CH
        CT1_PORT EQU  0EH
DATAS ENDS
        END START
```

3.1.6 可编程中断控制器 8259A

例 1 利用中断检测开关状态。

要求:使用 8086 CPU 控制 8259A 可编程中断控制器,通过开关向 8259A 发送中断请求,在中断服务程序中将开关的状态反映到对应的指示灯上。

利用8259A显示
开关状态

分析：设定8259A的中断类型码为20H～27H，并使用IR$_7$作为中断源输入。数据口地址为9000H，控制口地址为9002H。初始化内容如下：边沿触发方式，非缓冲方式，中断结束为普通EOI方式，中断优先级管理采用全嵌套方式。分配给8255A的控制口地址为8006H，A、B、C 3个数据口地址分别为8000H、8002H、8004H，工作方式设定为A口读入（开关状态），B口输出（点亮对应的LED灯）。利用74LS138译码器产生有效的译码信号$\overline{Y}_0$和$\overline{Y}_1$，分别选中8255A和8259A。设计Proteus仿真电路，如图3.1.30所示。

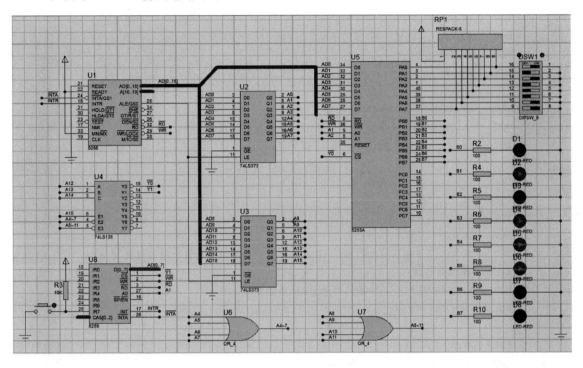

图3.1.30　利用8259A显示开关状态Proteus仿真电路

程序流程图如图3.1.31所示。

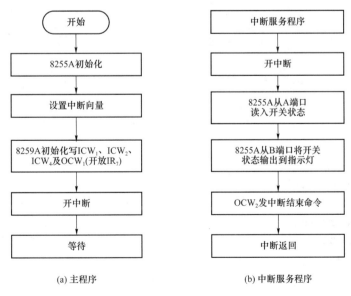

(a) 主程序　　　　　(b) 中断服务程序

图3.1.31　利用8259A显示开关状态程序流程图

汇编程序代码如下所示。

```
CODE    SEGMENT PUBLIC 'CODE'
        ASSUME CS:CODE,DS:DATA,SS:STACK
        ORG 800H                 ;指定存放代码段的位置
START:
        MOV    AX,DATA
        MOV    DS,AX
        MOV    AX,STACK
        MOV    SS,AX
        MOV    AX,TOP
        MOV    SP,AX

        MOV    DX,CON8255        ;8255A初始化
        MOV    AL,10010000B
        OUT    DX,AL

        CLI
        PUSH   DS
        MOV    AX,0
        MOV    DS,AX
        MOV    BX,156            ;0X27×4 = 0X9C,中断向量在中断向量表中的位置
        ;中断向量表的初始化
        MOV    AX,OFFSET INT7    ;中断入口地址(段地址为0)
        MOV    [BX],AX

        MOV    AX,0
        INC    BX
        INC    BX
        MOV    [BX],AX           ;代码段地址为0

        POP    DS
        CALL   INI8259           ;8259A初始化
        STI
LP:                             ;等待中断
        NOP
        JMP    LP
INI8259:
        MOV    DX,CS8259A
        MOV    AL,ICW1
        OUT    DX,AL

        MOV    DX,CS8259B
        MOV    AL,ICW2
        OUT    DX,AL

        MOV    AL,ICW4
```

```
            OUT     DX,AL

            MOV     AL,OCW1
            OUT     DX,AL
            RET
INT7:
            CLI
            MOV     DX,A8255
            IN      AL,DX
            MOV     DX,B8255
            OUT     DX,AL           ;输出计数值

            MOV     DX,CS8259A
            MOV     AL,20H          ;中断服务程序结束指令
            OUT     DX,AL
            STI
            IRET
CODE    ENDS

DATA SEGMENT
            ;定义 8255A 的端口地址
            CON8255   EQU 8006H
            A8255     EQU 8000H
            B8255     EQU 8002H
            C8255     EQU 8004H
            ;定义 8259A 的初始化及操作命令字
            ICW1      EQU 00010011B     ;单片 8259A,上升沿中断,要写 ICW4
            ICW2      EQU 00100000B     ;中断号为 20H
            ICW4      EQU 00000001B     ;工作在 8086/8088 方式
            OCW1      EQU 01111111B     ;只响应 INT7 中断
            ;定义 8259A 的端口地址
            CS8259A   EQU 9000H         ;8259A 的地址
            CS8259B   EQU 9002H
DATA ENDS

STACK SEGMENT STACK
            STA DB 256 DUP(0FFH)
            TOP EQU $ - STA
STACK ENDS
            END START
```

例2 利用两个中断控制 LED 流水灯上、下循环。

要求:使用 8086 CPU 控制 8259A 可编程中断控制器,通过两个按钮向 8259A 发送中断请求,一个按钮产生中断请求,用对应的中断服务程序实现 LED 流水灯向上循环,另一个按钮产生中断请求,并在中断服务程序中实现 LED 流水灯向下循环。

利用 8259A 的
两个中断请求

205

分析:以例 1 为基础,在 IR_0 端添加一个按钮,并去掉与 8255A 的 A 口相连的 8 连开关。同时在程序中加入 IR_0 的中断服务程序,修改 IR_7 的中断服务程序。其中,8255A 的端口地址保持不变,8259A 的端口地址及工作方式设置保持不变。设计 Proteus 仿真电路,如图 3.1.32 所示。

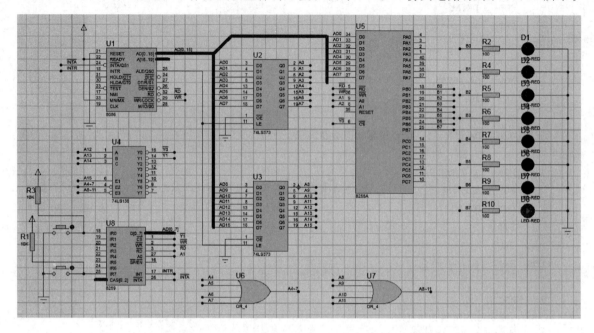

图 3.1.32   两个按钮控制流水灯上、下循环 Proteus 仿真电路

根据案例要求,主程序及中断服务程序流程图如图 3.1.33 所示。

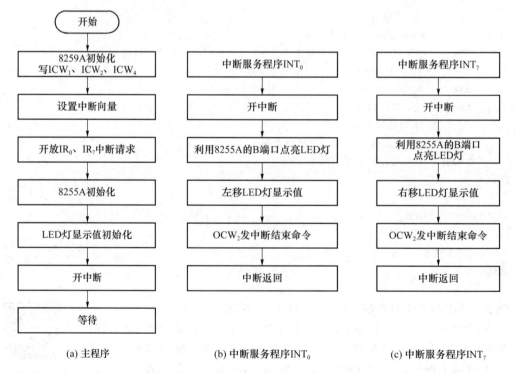

(a) 主程序   (b) 中断服务程序 INT_0 (c) 中断服务程序 INT_7

图 3.1.33   主程序及中断服务程序流程图

汇编程序代码如下所示。

```
CODE   SEGMENT PUBLIC 'CODE'
       ASSUME CS:CODE,DS:DATA
       ORG   800H                    ;指定起始地址,避免与中断向量表重叠
START:
       MOV   AX,DATA
       MOV   DS,AX
       MOV   DX,CON8255
       MOV   AL,10000000B            ;B 口输出
       OUT   DX,AL

       CLI
       PUSH DS
       MOV   AX,0
       MOV   DS,AX
       MOV   BX,128                  ;IRO:20H×4,中断向量在中断向量表中的位置

       MOV   AX,OFFSET INT0          ;中断入口地址(段地址为 0)
       MOV   [BX],AX

       MOV   AX,0
       INC   BX
       INC   BX
       MOV   [BX],AX                 ;代码段地址为 0

       MOV   AX,0
       MOV   DS,AX
       MOV   BX,156                  ;0X27×4,中断向量在中断向量表中的位置

       MOV   AX,OFFSET INT7          ;中断入口地址(段地址为 0)
       MOV   [BX],AX

       MOV   AX,0
       INC   BX
       INC   BX
       MOV   [BX],AX                 ;代码段地址为 0

       POP   DS
```

```
            CALL INI8259

            MOV  BL,00001000B

            MOV  AL,BL

            MOV  DX,B8255

            OUT  DX,AL

            STI
    LP:                                     ;等待中断

            NOP

            JMP  LP

    INI8259:

            MOV  DX,CS8259A

            MOV  AL,ICW1

            OUT  DX,AL


            MOV  DX,CS8259B

            MOV  AL,ICW2

            OUT  DX,AL


            MOV  AL,ICW4

            OUT  DX,AL


            MOV  AL,OCW1

            OUT  DX,AL

            RET

    INT0:

            CLI

            ROL  BL,1

            MOV  AL,BL

            MOV  DX,B8255

            OUT  DX,AL                      ;输出计数值


            MOV  DX,CS8259A

            MOV  AL,20H                     ;中断服务程序结束指令

            OUT  DX,AL

            STI

            IRET
```

```
INT7:
    CLI
    ROR  BL,1
    MOV  AL,BL
    MOV  DX,B8255
    OUT  DX,AL                    ;输出计数值


    MOV  DX,CS8259A
    MOV  AL,20H                   ;中断服务程序结束指令
    OUT  DX,AL
    STI
    IRET
CODE  ENDS


DATA SEGMENT
    ;8255A 的端口地址
    CON8255  EQU 8006H
    A8255    EQU 8000H
    B8255    EQU 8002H
    C8255    EQU 8004H
    ;8259A 的初始化及操作命令字
    ICW1     EQU 00010011B        ;单片 8259A,上升沿中断,要写 ICW4
    ICW2     EQU 00100000B        ;中断号为 20H
    ICW4     EQU 00000001B        ;工作在 8086/8088 方式
    OCW1     EQU 01111110B        ;只响应 INT0、INT7 中断
    ;8259A 的端口地址
    CS8259A  EQU 9000H            ;8259A 的地址
    CS8259B  EQU 9002H
DATA ENDS
    END START
```

例 3 利用中断实现交通信号灯控制系统。

要求:使用 8259A 中断控制器,在 8253A 计时 1 秒后产生中断请求,控制交通信号灯的显示,并利用 LED 数码管显示剩余秒数。

分析:利用 8253A 计时,使其每秒产生一次时钟信号,通过 8259A 的中断请求输入线 IR_7 向 8086 提出中断请求。在 IR_7 的中断服务程序中,实现 A、B 道 10 s 通行。首先 A 道通行 10 s,其中前 7 s 绿灯亮,后 3 s 黄灯亮,A 道通行期间 B 道保持红灯亮。然后换 B 道通行,过程与 A 道相同,之后 A、B 道轮换通行。设计 Proteus 仿真电路,如图 3.1.34 所示。

利用中断实现交通
信号灯控制系统

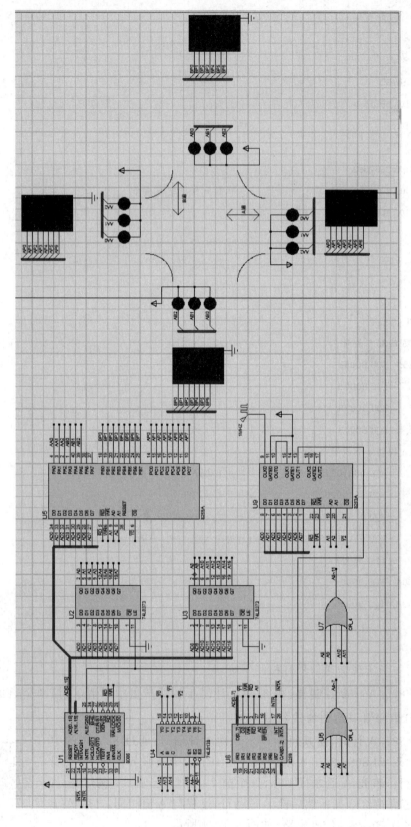

图 3.1.34　利用中断实现交通信号灯控制系统 Proteus 仿真电路

汇编程序代码如下所示。

```
CODE  SEGMENT PUBLIC 'CODE'
      ASSUME CS:CODE,DS:DATA

      ORG  800H                  ;指定起始地址
START:
      MOV  AX,DATA
      MOV  DS,AX
      ;8255A 初始化
      MOV  DX,CON8255
      MOV  AL,10000000B          ;B 口输出
      OUT  DX,AL
      ;8253A 计数器 0 的初始化
      MOV  DX,CON8253
      MOV  AL,00110110B
      OUT  DX,AL
      MOV  DX,A8253
      MOV  AX,1000
      OUT  DX,AL
      MOV  AL,AH
      OUT  DX,AL
      ;8253A 计数器 1 的初始化
      MOV  DX,CON8253
      MOV  AL,01110110B
      OUT  DX,AL
      MOV  DX,B8253
      MOV  AX,1000
      OUT  DX,AL
      MOV  AL,AH
      OUT  DX,AL

      CLI
      PUSH DS
      MOV  AX,0
      MOV  DS,AX
      MOV  BX,156                ;0X27×4,中断向量在中断向量表中的位置
      ;中断向量表的初始化
      MOV  AX,OFFSET INT7        ;中断入口地址(段地址为 0)
      MOV  [BX],AX
      MOV  AX,0
      INC  BX
      INC  BX
      MOV  [BX],AX               ;代码段地址为 0
```

```
        POP  DS
        CALL INI8259
        MOV  SI,20
        STI
LP:                              ;等待中断
        NOP
        JMP  LP
INI8259:
        MOV  DX,CS8259A
        MOV  AL,ICW1
        OUT  DX,AL

        MOV  DX,CS8259B
        MOV  AL,ICW2
        OUT  DX,AL

        MOV  AL,ICW4
        OUT  DX,AL

        MOV  AL,OCW1
        OUT  DX,AL
        RET


INT7:
        CLI
        PUSH AX
        PUSH BX
        PUSH CX
        PUSH DX
        CLI
        MOV  CX,SI
        CMP  CX,0
        JG   N0
        MOV  SI,20
N0:
        DEC  SI
        CMP  CX,10
        JAE  BD              ;大于10则B道放行,否则A道放行10 s
        CMP  CX,3
        JBE  AY              ;小于3 s时,A道黄灯亮
        ;A道绿灯亮,B道红灯亮
        MOV  AL,0F3H         ;11110011B
        MOV  DX,A_PORT
        OUT  DX,AL
```

```
        JMP   LEDA
        ;A道黄灯亮,B道红灯亮
AY:
        MOV   AL,0F5H          ;11110101B
        MOV   DX,A_PORT
        OUT   DX,AL
LEDA:
        LEA   BX,TAB
        CMP   CX,0
        JZ    DARKA
        ADD   BX,CX
        MOV   AL,[BX]
        JMP   OUTA
DARKA:
        MOV   AL,0              ;全灭
OUTA:
        MOV   DX,C_PORT
        OUT   DX,AL
        JMP   EXIT
BD:
        SUB   CX,10
        CMP   CX,3
        JBE   BY                ;小于3s时,B道黄灯亮
        ;A道红灯亮,B道绿灯亮
        MOV   AL,0DEH           ;11011110B
        MOV   DX,A_PORT
        OUT   DX,AL
        JMP   LEDB
        ;A道红灯亮,B道黄灯亮
BY:
        MOV   AL,0EEH           ;11101110B
        MOV   DX,A_PORT
        OUT   DX,AL
        ;B口输出倒数秒数
LEDB:
        LEA   BX,TAB
        CMP   CX,0
        JZ    DARKB
        ADD   BX,CX
        MOV   AL,[BX]
        JMP   OUTB
DARKB:
        MOV   AL,0              ;全灭
OUTB:
```

213

```
        MOV   DX,B_PORT
        OUT   DX,AL
        ;发送中断结束命令
EXIT:
        MOV   DX,CS8259A
        MOV   AL,20H              ;中断服务程序结束指令
        OUT   DX,AL
        POP   DX
        POP   CX
        POP   BX
        POP   AX
        IRET
CODE  ENDS

DATA SEGMENT
        ;定义 8255A 的端口地址
        CON8255  EQU 8006H
        A_PORT   EQU 8000H
        B_PORT   EQU 8002H
        C_PORT   EQU 8004H
        ;定义 8253A 的端口地址
        CON8253  EQU 0A006H
        A8253    EQU 0A000H
        B8253    EQU 0A002H
        C8253    EQU 0A004H
        ;定义 8259A 的命令字
        ICW1     EQU 00010011B   ;单片 8259A,上升沿中断,要写 ICW4
        ICW2     EQU 00100000B   ;中断号为 20H
        ICW4     EQU 00000001B   ;工作在 8086/8088 方式
        OCW1     EQU 01111110B   ;只响应 INT0、INT7 中断
        ;定义 8259A 的端口地址
        CS8259A EQU 9000H        ;8259 的地址
        CS8259B EQU 9002H
        ;LED 数码管七段码表
        TAB DB   3FH,06H,5BH,4FH,66H,6DH,7DH,07H,7FH,67H,
                 77H,7CH,39H,5EH,79H,71H
DATA ENDS
        END START
```

3.1.7 微机系统串行通信及接口

利用 8251A 实现
串行数据输出

例 1 利用串行接口芯片实现数据的输出。

要求:利用 8251A 芯片实现串行数据输出,并利用虚拟终端及示波器观察输出。

分析:在 8086 CPU 相关控制信号的作用下,完成 8251A 及 8253A 的初始化,并利用 8253A 时钟发生器产生 20 kHz 的时钟信号,提供给 8251A 完成串行数据输出,在示波器上进行显示。设计 Proteus 仿真电路,如图 3.1.35 所示。

程序流程图如图 3.1.36 所示。

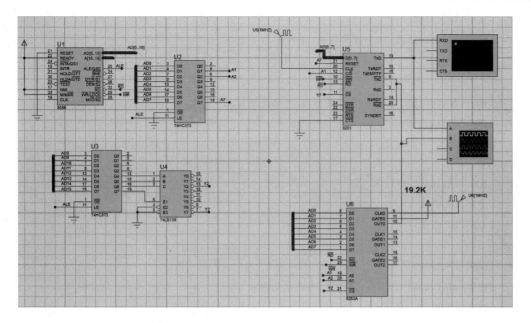

图 3.1.35 利用 8251A 实现串行数据输出 Proteus 仿真电路

汇编程序代码如下所示。

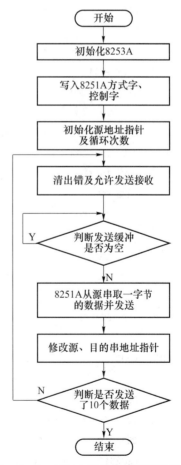

图 3.1.36 8251A 输出数据程序流程图

```
CODE    SEGMENT
        ASSUME DS:DATA,CS:CODE
START:
        MOV    AX,DATA
        MOV    DS,AX
        MOV    DX,TCONTRO      ;8253A 初始化
        MOV    AL,16H          ;计数器 0,只写低 8 位,方式 3,
                               ;二进制计数
        OUT    DX,AL
        MOV    DX,TCON0
        MOV    AX,52           ;时钟频率为 1 MHz,计数时间 =
                               ;1 μs×50 = 50 μs,输出频率为
                               ;20 kHz
        OUT    DX,AL
        NOP
        NOP
        NOP
;8251A 初始化
        MOV    DX,CS8251R
        IN     AL,DX
        NOP
        MOV    DX,CS8251R
        IN     AL,DX
        NOP
```

流程图文字：

开始

初始化8253A

写入8251A方式字、控制字

初始化源地址指针及循环次数

清出错及允许发送接收

判断发送缓冲是否为空 Y

8251A从源串取一字节的数据并发送

修改源、目的串地址指针

判断是否发送了10个数据 N

结束

```
        MOV   DX,CS8251C
        MOV   AL,01001101B     ;1 停止位,无校验,8 数据位,x1
        OUT   DX,AL

        MOV   AL,00010101B     ;清出错标志,允许发送接收
        OUT   DX,AL

START4:
        MOV   CX,10
        LEA   DI,STR1
        LEA   BX,STR2
SEND:
        MOV   DX,CS8251C
        MOV   AL,00010101B     ;清出错,允许发送接收
        OUT   DX,AL
WaitTXD:
        NOP
        NOP
        IN    AL,DX
        TEST  AL,1            ;发送缓冲是否为空
        JZ    WaitTXD

        MOV   AL,[DI]         ;取要发送的字
        MOV   DX,CS8251D
        OUT   DX,AL          ;发送
        PUSH  CX
        MOV   CX,8FH
        LOOP  $
        POP   CX
        INC   DI
        LOOP  SEND
        JMP   START4
        JMP   START
CODE    ENDS


DATA    SEGMENT
        ;8251A 端口地址
        CS8251R   EQU 0F080H   ;串行通信控制器复位地址
        CS8251D   EQU 0F000H   ;串行通信控制器数据口地址
        CS8251C   EQU 0F002H   ;串行通信控制器控制口地址
        ;8253A 控制器及计数器 0 端口地址
```

```
        TCONTR0   EQU 0A006H
        TCON0     EQU 0A000H
        ;发送字符串定义
        STR1 DB '0123456789'
        STR2 DB 10 DUP(?)
DATA    ENDS
        END START
```

程序运行结果用示波器及虚拟终端显示,如图 3.1.37 所示。

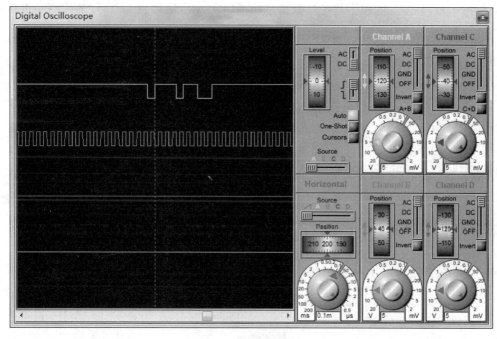

(a) 示波器参数及结果

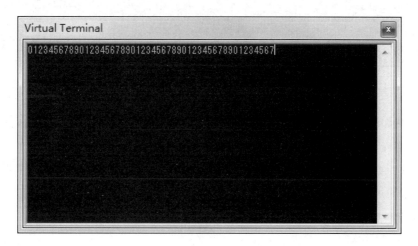

(b) 虚拟终端输出结果

图 3.1.37 程序运行结果

3.1.8　D/A 和 A/D 转换接口

A/D 转换接口

例 1　利用 A/D 转换接口实现模数转换。

要求：利用 8086 CPU 控制 ADC0809 接收模拟信号，经其转换成数字信号后通过 LED 灯显示。

分析：地址线 $AD_0 \sim AD_{15}$ 经过 74HC373 锁存后，部分经由 74HC138 译码器产生 $\overline{Y}_0$、$\overline{Y}_6$ 译码信号，结合读写控制信号，由输入通道 IN_1 进入 ADC0809 进行转换。ADC0809 的时钟脉冲频率设计为 1 MHz，转换后的数字量经过数据总线 $AD_0 \sim AD_7$ 输出到 LED 灯的控制端进行显示。设计 Proteus 仿真电路，如图 3.1.38 所示。

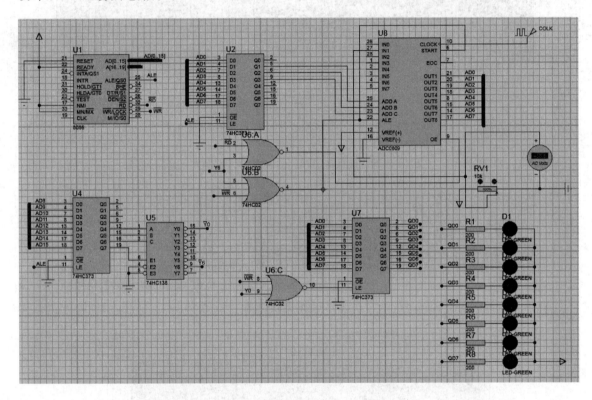

图 3.1.38　模数转换 Proteus 仿真电路

程序流程图如图 3.1.39 所示。

对应的汇编程序源代码如下所示。

```
AD0809    EQU 0E002H
OUT373    EQU 8000H
CODE      SEGMENT
          ASSUME CS:CODE
START:    MOV AL,00H
          MOV DX,AD0809
          OUT DX,AL          ;启动 A/D 转换
```

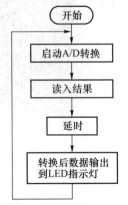

图 3.1.39　模数转换程序流程图

开始

↓

启动 A/D 转换

↓

读入结果

↓

延时

↓

转换后数据输出到 LED 指示灯

```
                    NOP
                    IN AL, DX              ;读入结果
                    MOV CX, 10H
                    LOOP $                 ;延时大于100μs
                    MOV DX, OUT373
                    OUT DX, AL             ;转换后的数据输出到LED灯
                    JMP START
          CODE      ENDS
                    END START
```

例2 利用 D/A 转换接口实现数模转换。

要求:利用 8086 CPU 控制 DAC0832 接收数字信号,经其转换成模拟信号后通过示波器显示。

D/A 转换接口

分析:利用 8086 CPU 的地址线 $AD_8 \sim AD_{15}$,经 74HC138 译码器产生有效的片选信号,选中 DAC0832 的片选信号。$AD_0 \sim AD_7$ 接 DAC0832 的 8 位数据输入端,接收 CPU 输出的数字量。通过 DAC0832 的模拟量输出端,显示模拟信号的波形。设计 Proteus 仿真电路,如图 3.1.40 所示。

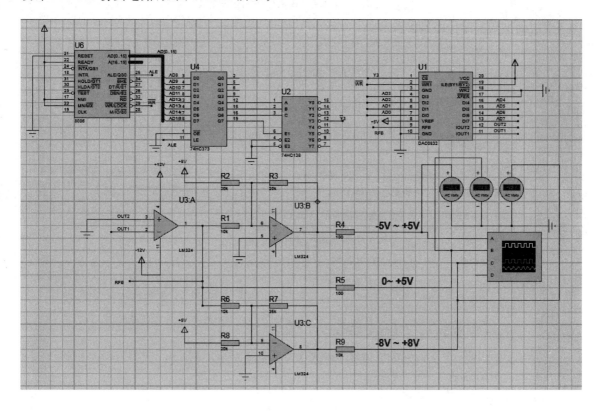

图 3.1.40 数模转换 Proteus 仿真电路

程序流程图如图 3.1.41 所示。

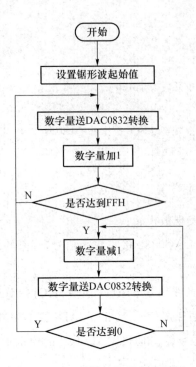

图 3.1.41　数模转换程序流程图

对应的汇编程序代码如下所示。

```
CODE     SEGMENT
         ASSUME CS:CODE
IOCON    EQU 0B000H
START:   MOV AL,00H        ;锯形波的起始值
         MOV DX,IOCON
OUTUP:   OUT DX,AL         ;产生锯形波
         INC AL            ;数字量加 1
         CMP AL,0FFH       ;判断数字量是否达到 FFH
         JE OUTDOWN        ;达到后则数字量开始减 1
         JMP OUTUP         ;未达到则循环
OUTDOWN: DEC AL            ;数字量减 1
         OUT DX,AL         ;产生锯形波
         CMP AL,00H        ;判断是否达到 0
         JE OUTUP          ;达到 0 则转向数字量加 1
         JMP OUTDOWN       ;未达到则循环
CODE     ENDS
         END START
```

程序运行结果如图 3.1.42 所示。

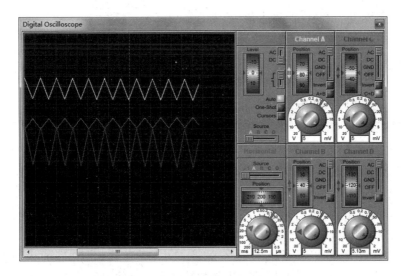

图 3.1.42　数模转换程序运行结果

3.2　基础与综合实验

3.2.1　实验 1:汇编基础

1. 实验目的

① 掌握各类指令的编程及调试方法。

② 学习使用查看寄存器及变量的方法。

2. 实验环境

PC 一台,集成汇编实验环境 MASM,仿真实验环境 Proteus。

3. 实验内容

(1) 数据块传送

① 将数据段中 2000H 单元开始存放的 10 个数(8 位数)传送到 3000H 开始的 10 字节中。

② 将数据段 DATA1 中的 10 个字数据(16 位数)传送到数据段 DATA2 中。

(2) 查表

① 已知 0~15 的平方值表,查表求 X(X 是 0~15 间任一数)的平方值,送到 Y 单元,用两种方法。

② 已知 0~255 的平方值表,查表求 X 的平方值,送到 Y 单元。

(3) 计算

① 计算多字节数据 1122334455667788H 与 99AABBCCDDEEFF00H 的和。

② 计算 8 字节的 BCD 码十进制数 1122334455667788H 与 9988776655443322H 的和。

③ 计算 10 个字数据的和(数据自己定义)。

(4) 计算表达式的值

计算表达式 $Z=((X-Y)*7)/(Y+2)$ 的值,已知 $X=10$,$Y=5$。

(5) 找最大数、最小数

① 找出 2040H 单元和 2041H 单元中的大数,并送 2042H 单元(数据自己定义)。

② 找出 10 个数(8 位数)中的最大数(数据自己定义)。

③ 找出 10 个数(16 位数)中的最小数(数据自己定义)。

(6) 统计正数、负数个数

① 统计 10 个数(8 位数)中的正数个数(数据自己定义)。

② 统计 10 个数(16 位数)中的负数个数(数据自己定义)。

(7) 数据块比较

① 分别在 FARD1 和 FARD2 单元开始存放了 10 个字节数据,编程比较是否一致(数据自己定义)。

② 分别在 FARD1 和 FARD2 单元开始存放了 10 个字数据,编程比较是否一致(数据自己定义)。

(8) 逻辑运算

在数据段 3000H 单元开始存放了数字 0～9 的 ASCII 码,求对应的十进制数并存放到 3500H 开始的单元,再将 3500H 开始的十进制数转换为对应的 ASCII 码,并存放到 3800H 开始的单元。

(9) 输入/输出

① 在显示器上输出字符串"HELLO!"。

② 从键盘输入一组字符串,存入 BUFFER 数据区(自己定义)中。

③ 将十进制数 25 在显示器上输出。

④ 将数据段中的 10 个个位数在显示器上输出。

4. 实验要求

利用调试方法,指出程序运行的结果。

3.2.2 实验 2:存储器实验

1. 实验目的

① 掌握存储器扩展的方法和存储器的读/写。

② 掌握存储器系统的设计与实现。

2. 实验环境

PC 一台,仿真实验环境 Proteus。

3. 实验内容

① 在 8088 CPU 最小工作模式下,配置 16 KB EPROM(地址空间为 20000H～23FFFH)及 32 KB SRAM(地址空间为 28000H～2FFFFH)。SRAM 存储器芯片为 6264(容量为 8 KB)、EPROM 存储器芯片为 2764(容量为 8 KB),采用全地址译码法进行设计,译码器为 74LS138。

② 在 8086 CPU 最小工作模式下,配置 16 KB EPROM(地址空间为 20000H～23FFFH)及 32 KB SRAM(地址空间为 28000H～2FFFFH)。SRAM 存储器芯片为 6264(容量为 8 KB)、EPROM 存储器芯片为 2764(容量为 8 KB),采用全地址译码法进行设计,译码器为 74LS138。

4. 实验要求

根据实验内容计算所需芯片个数、画地址分配表、画出系统原理图、设计 Proteus 仿真电路、给出程序设计流程图及编写完整汇编代码。

3.2.3　实验 3:输入与输出实验

1. 实验目的

① 掌握简单输入/输出接口芯片的使用。

② 掌握无条件和查询工作方式。

2. 实验环境

PC 一台,仿真实验环境 Proteus。

3. 实验内容

① 设计 Proteus 仿真电路并编写代码,将 8 个二极管设计成任意形状(如三角形、正方形等),开关闭合,则设计的形状以一定的频率实现亮灭闪烁,开关断开,则形状变灭。

② 设计 Proteus 仿真电路并编写代码,根据 4 个开关的不同状态组合,以十进制的形式利用两个 LED 数码管显示对应的二进制组合。例如,若开关状态组合为 1010,则两个 LED 灯分别显示 1 和 0。

③ 设计 Proteus 仿真电路并编写代码,利用简单接口芯片模拟交通信号灯的控制系统,实现红、黄、绿的循环显示,并添加紧急事件按钮,实现按下按钮则所有路口显示红灯,松开按钮则恢复之前的状态。

4. 实验要求

根据实验内容画出系统原理图、设计 Proteus 仿真电路、给出程序设计流程图及编写完整汇编代码。

3.2.4　实验 4:可编程并行 I/O 接口 8255A

1. 实验目的

① 掌握可编程并行接口芯片 8255A 的基本使用。

② 掌握键盘的实现原理。

2. 实验环境

PC 一台,仿真实验环境 Proteus。

3. 实验内容

① 设计 Proteus 仿真电路并编写代码,由 8255A 读取 8 个开关的状态,并以相反的形式用 8 个 LED 灯显示。若开关闭合,则 LED 灯变灭;若开关断开,则 LED 灯变亮。

② 设计 Proteus 仿真电路并编写代码,利用 8255A 实现简单交通信号灯控制系统,并利用按钮实现紧急事件处理。若按钮按下,则所有路口显示全红;若按钮松开,则恢复之前的状态。

③ 设计 Proteus 仿真电路并编写代码,利用 8255A 和行扫描法实现 3×3 的键盘,并使用 LED 灯显示对应的按键符号。

④ 设计 Proteus 仿真电路并编写代码,利用 8255A 和反转法实现 3×3 的键盘,并使用 LED 灯显示对应的按键符号。

4. 实验要求

根据实验内容画出系统原理图、设计 Proteus 仿真电路、给出程序设计流程图及编写完整汇编代码。

3.2.5 实验 5:可编程计数器/定时器 8253A

1. 实验目的

① 掌握可编程计数器/定时器芯片 8253A 的基本使用。

② 掌握多个计数器串联的使用原理。

2. 实验环境

PC 一台,仿真实验环境 Proteus。

3. 实验内容

① 设计 Proteus 仿真电路并编写代码,由 8253A 的计数器 1 对外部事件进行计数操作,计数 10 次后点亮 LED 灯。

② 设计 Proteus 仿真电路并编写代码,利用 8253A 计数器 0 和计数器 1 的串联,在外部时钟频率为 1 MHz 时实现精确 1 s 计时。每一秒计时结束,点亮 LED 数码管。

③ 在②的基础上,利用 8255A 使一个 LED 灯显示秒数,秒数从 9 开始显示,每 1 秒后减 1,到 0 后循环。

④ 设计 Proteus 仿真电路并编写代码,利用 8253A 实现交通信号灯控制系统的精确定时,并利用按钮实现紧急事件处理。若按钮按下,则所有路口显示全红,LED 数码管数字停止变化;若按钮松开,则信号灯恢复之前的状态,LED 数码管继续计时。

4. 实验要求

根据实验内容画出系统原理图、设计 Proteus 仿真电路、给出程序设计流程图及编写完整汇编代码。

3.2.6 实验 6:可编程中断控制器 8259A

1. 实验目的

① 掌握可编程中断控制器芯片 8259A 的基本使用。

② 掌握多个 8259A 级联使用的原理与方法。

2. 实验环境

PC 一台,仿真实验环境 Proteus。

3. 实验内容

① 设计 Proteus 仿真电路并编写代码,利用 8259A 和 8255A 读取开关的状态,并用 LED 灯显示。其中设定 8259A 的中断类型码为 30H~37H,并使用 IR_5 作为中断源输入开关状态。初始化内容如下:边沿触发方式,非缓冲方式,中断结束为普通 EOI 方式,中断优先级管理采用全嵌套方式。8255A 和 8259A 的端口地址自行设定。

② 设计 Proteus 仿真电路并编写代码,利用 3 个开关 K_1、K_2 和 K_3 作为 8259A 的 3 个中断源,分别控制水平排列的 8 个 LED 灯的状态。K_1 实现 LED 灯的全亮功能,K_2 实现 LED 灯从左至右流水,K_3 实现 LED 灯从右至左流水。初始化内容如下:电平触发方式,非缓冲方式,中断结束为普通 EOI 方式,中断优先级管理采用全嵌套方式。8259A 的中断类型码设定为 40H~47H,8255A 和 8259A 的端口地址自行设定。

③ 设计 Proteus 仿真电路并编写代码,利用 8259A 中断控制器,在 8253A 计时 1 s 后产生中断请求,控制交通信号灯的显示,并利用两个 LED 数码管显示剩余的秒数。8259A 的初始化方式和中断类型码,8253A、8255A 和 8259A 的端口地址自行设定。

④ 设计 Proteus 仿真电路并编写代码,利用两个 8259A 实现级联,从片的中断请求接到主片的 IR$_3$,从片上的中断实现 LED 数码管显示数字 7,主片上的中断实现 LED 数码管显示 1。8259A 的初始化方式和中断类型码、8255A 的端口地址自行设定。

4. 实验要求

根据实验内容画出系统原理图、设计 Proteus 仿真电路、给出程序设计流程图及编写完整汇编代码。

3.2.7 实验 7:可编程串行通信接口 8251A

1. 实验目的

掌握可编程串行通信接口芯片 8251A 的基本使用。

2. 实验环境

PC 一台,仿真实验环境 Proteus。

3. 实验内容

设计 Proteus 仿真电路并编写代码,利用 8251A 芯片实现串行输出字符串"ABCDEFG",并利用虚拟终端及示波器观察输出。

4. 实验要求

根据实验内容画出系统原理图、设计 Proteus 仿真电路、给出程序设计流程图及编写完整汇编代码。

3.2.8 实验 8:D/A 和 A/D 转换接口

1. 实验目的

掌握 D/A 和 A/D 转换接口芯片的基本使用。

2. 实验环境

PC 一台,仿真实验环境 Proteus。

3. 实验内容

① 设计 Proteus 仿真电路并编写代码,利用 8086 CPU 控制 ADC0809 接收电阻阻值连续变化的模拟信号,经 ADC0809 转换成数字信号后通过 LED 灯显示,并用两位 LED 数码管显示对应的数字。

② 设计 Proteus 仿真电路并编写代码,利用 8086 CPU 控制 DAC0832 接收数字信号,经 DAC0832 转换成模拟信号后通过示波器显示。

4. 实验要求

根据实验内容画出系统原理图、设计 Proteus 仿真电路、给出程序设计流程图及编写完整汇编代码。

3.2.9 实验 9:综合实验

1. 实验目的

掌握各种接口芯片的综合使用。

2. 实验环境

PC 一台,仿真实验环境 Proteus。

3. 实验内容

① 使用学过的各种接口芯片,设计 Proteus 仿真电路并编写代码,实现交通信号灯控制系统。设 A 车道与 B 车道交叉组成十字路口,A 是主道,B 是支道,直接对车辆进行交通管理,基本要求如下:用发光二极管模拟交通信号灯;正常情况下,A、B 两车道轮流放行,A 车道放行绿灯亮,其中 3 s 用于警告(黄灯亮);B 车道放行绿灯亮,其中 3 s 用于警告(黄灯亮);A、B 车道放行、禁止通行时间自行定义;有紧急车辆通过时,按下某开关使 A、B 车道均为红灯,紧急情况解除后,恢复正常控制。其他功能,如两位 LED 数码管在不同车道显示不同时间、人行横道提示、左转等待等功能,请读者自行发挥。

② 使用学过的各种接口芯片,设计和您所学专业知识相关的控制系统,利用 Proteus 设计仿真电路,并编写代码实现相应功能。

4. 实验要求

根据实验内容画出系统原理图、设计 Proteus 仿真电路、给出程序设计流程图及编写完整汇编代码。

附　　录

1. ASCII 码表

表 1　ASCII 码表

序号	二进制	十进制	十六进制	字符/缩写	解释	备注
1	00000000	0	00	NUL (NULL)	空字符	不可显示符号
2	00000001	1	01	SOH (Start Of Heading)	标题开始	不可显示符号
3	00000010	2	02	STX (Start Of Text)	正文开始	不可显示符号
4	00000011	3	03	ETX (End Of Text)	正文结束	不可显示符号
5	00000100	4	04	EOT (End Of Transmission)	传输结束	不可显示符号
6	00000101	5	05	ENQ (Enquiry)	请求	不可显示符号
7	00000110	6	06	ACK (Acknowledge)	回应/响应/收到通知	不可显示符号
8	00000111	7	07	BEL (Bell)	响铃	不可显示符号
9	00001000	8	08	BS (Backspace)	退格	不可显示符号
10	00001001	9	09	HT (Horizontal Tab)	水平制表符	不可显示符号
11	00001010	10	0A	LF/NL(Line Feed/New Line)	换行键	不可显示符号
12	00001011	11	0B	VT (Vertical Tab)	垂直制表符	不可显示符号
13	00001100	12	0C	FF/NP (Form Feed/New Page)	换页键	不可显示符号
14	00001101	13	0D	CR (Carriage Return)	回车键	不可显示符号
15	00001110	14	0E	SO (Shift Out)	不用切换	不可显示符号
16	00001111	15	0F	SI (Shift In)	启用切换	不可显示符号
17	00010000	16	10	DLE (Data Link Escape)	数据链路转义	不可显示符号
18	00010001	17	11	DC1/XON (Device Control 1/ Transmission On)	设备控制1/传输开始	不可显示符号
19	00010010	18	12	DC2 (Device Control 2)	设备控制2	不可显示符号
20	00010011	19	13	DC3/XOFF (Device Control 3/ Transmission Off)	设备控制3/传输中断	不可显示符号
21	00010100	20	14	DC4 (Device Control 4)	设备控制4	不可显示符号
22	00010101	21	15	NAK (Negative Acknowledge)	无响应/非正常响应/拒绝接收	不可显示符号
23	00010110	22	16	SYN (Synchronous Idle)	同步空闲	不可显示符号
24	00010111	23	17	ETB (End of Transmission Block)	传输块结束/块传输终止	不可显示符号
25	00011000	24	18	CAN (Cancel)	取消	不可显示符号

序号	二进制	十进制	十六进制	字符/缩写	解释	备注
26	00011001	25	19	EM（End of Medium）	已到介质末端/介质存储已满/介质中断	不可显示符号
27	00011010	26	1A	SUB（Substitute）	替补/替换	不可显示符号
28	00011011	27	1B	ESC（Escape）	逃离/取消	不可显示符号
29	00011100	28	1C	FS（File Separator）	文件分割符	不可显示符号
30	00011101	29	1D	GS（Group Separator）	组分隔符/分组符	不可显示符号
31	00011110	30	1E	RS（Record Separator）	记录分离符	不可显示符号
32	00011111	31	1F	US（Unit Separator）	单元分隔符	不可显示符号
33	00100000	32	20	（Space）	空格	可显示符号
34	00100001	33	21	!		可显示符号
35	00100010	34	22	"		可显示符号
36	00100011	35	23	#		可显示符号
37	00100100	36	24	$		可显示符号
38	00100101	37	25	%		可显示符号
39	00100110	38	26	&		可显示符号
40	00100111	39	27	'		可显示符号
41	00101000	40	28	(		可显示符号
42	00101001	41	29	)		可显示符号
43	00101010	42	2A	*		可显示符号
44	00101011	43	2B	+		可显示符号
45	00101100	44	2C	,		可显示符号
46	00101101	45	2D	—		可显示符号
47	00101110	46	2E	.		可显示符号
48	00101111	47	2F	/		可显示符号
49	00110000	48	30	0		可显示符号
50	00110001	49	31	1		可显示符号
51	00110010	50	32	2		可显示符号
52	00110011	51	33	3		可显示符号
53	00110100	52	34	4		可显示符号
54	00110101	53	35	5		可显示符号
55	00110110	54	36	6		可显示符号
56	00110111	55	37	7		可显示符号
57	00111000	56	38	8		可显示符号
58	00111001	57	39	9		可显示符号
59	00111010	58	3A	:		可显示符号
60	00111011	59	3B	;		可显示符号
61	00111100	60	3C	<		可显示符号

序　号	二进制	十进制	十六进制	字符/缩写	解　释	备　注
62	00111101	61	3D	=		可显示符号
63	00111110	62	3E	>		可显示符号
64	00111111	63	3F	?		可显示符号
65	01000000	64	40	@		可显示符号
66	01000001	65	41	A		可显示符号
67	01000010	66	42	B		可显示符号
68	01000011	67	43	C		可显示符号
69	01000100	68	44	D		可显示符号
70	01000101	69	45	E		可显示符号
71	01000110	70	46	F		可显示符号
72	01000111	71	47	G		可显示符号
73	01001000	72	48	H		可显示符号
74	01001001	73	49	I		可显示符号
75	01001010	74	4A	J		可显示符号
76	01001011	75	4B	K		可显示符号
77	01001100	76	4C	L		可显示符号
78	01001101	77	4D	M		可显示符号
79	01001110	78	4E	N		可显示符号
80	01001111	79	4F	O		可显示符号
81	01010000	80	50	P		可显示符号
82	01010001	81	51	Q		可显示符号
83	01010010	82	52	R		可显示符号
84	01010011	83	53	S		可显示符号
85	01010100	84	54	T		可显示符号
86	01010101	85	55	U		可显示符号
87	01010110	86	56	V		可显示符号
88	01010111	87	57	W		可显示符号
89	01011000	88	58	X		可显示符号
90	01011001	89	59	Y		可显示符号
91	01011010	90	5A	Z		可显示符号
92	01011011	91	5B	[		可显示符号
93	01011100	92	5C	\		可显示符号
94	01011101	93	5D	]		可显示符号
95	01011110	94	5E	^		可显示符号
96	01011111	95	5F	_		可显示符号
97	01100000	96	60	`		可显示符号
98	01100001	97	61	a		可显示符号

序 号	二进制	十进制	十六进制	字符/缩写	解 释	备 注
99	01100010	98	62	b		可显示符号
100	01100011	99	63	c		可显示符号
101	01100100	100	64	d		可显示符号
102	01100101	101	65	e		可显示符号
103	01100110	102	66	f		可显示符号
104	01100111	103	67	g		可显示符号
105	01101000	104	68	h		可显示符号
106	01101001	105	69	i		可显示符号
107	01101010	106	6A	j		可显示符号
108	01101011	107	6B	k		可显示符号
109	01101100	108	6C	l		可显示符号
110	01101101	109	6D	m		可显示符号
111	01101110	110	6E	n		可显示符号
112	01101111	111	6F	o		可显示符号
113	01110000	112	70	p		可显示符号
114	01110001	113	71	q		可显示符号
115	01110010	114	72	r		可显示符号
116	01110011	115	73	s		可显示符号
117	01110100	116	74	t		可显示符号
118	01110101	117	75	u		可显示符号
119	01110110	118	76	v		可显示符号
120	01110111	119	77	w		可显示符号
121	01111000	120	78	x		可显示符号
122	01111001	121	79	y		可显示符号
123	01111010	122	7A	z		可显示符号
124	01111011	123	7B	{		可显示符号
125	01111100	124	7C	|		可显示符号
126	01111101	125	7D	}		可显示符号
127	01111110	126	7E	~		可显示符号
128	01111111	127	7F	DEL（Delete）	删除	不可显示符号

2. 实验报告格式

微机原理与接口技术
实验报告

实验名称：＿＿＿＿＿＿＿＿＿＿＿＿＿＿＿＿＿＿

专业：＿＿＿＿＿＿＿＿＿　班级：＿＿＿＿＿＿＿＿

学号：＿＿＿＿＿＿＿＿＿　姓名：＿＿＿＿＿＿＿＿

预习报告成绩：＿＿＿＿＿＿实验成绩：＿＿＿＿＿＿

实验日期及时间：＿＿＿＿＿＿＿＿＿＿＿＿＿＿＿＿

机位号：＿＿＿＿＿＿＿＿＿＿＿＿＿＿＿＿＿＿＿＿

指导教师：＿＿＿＿＿＿＿＿＿＿＿＿＿＿＿＿＿＿

一、实验目的

二、实验环境

三、实验内容

四、实验步骤及结果(包括:原理图、流程图、源代码、结果截图等相关内容)

五、实验体会及课程建议